U0312740

辽宁省优秀自然科学著作

辽宁常见易混淆树种鉴别图谱

王书凯　王忠彬　陈清霖　陈孟涤　主编

辽宁科学技术出版社

沈　阳

© 2017　王书凯　王忠彬　陈清霖　陈孟涤

图书在版编目 (CIP) 数据

辽宁常见易混淆树种鉴别图谱 / 王书凯等主编 . 一沈阳 : 辽宁科学技术出版社 , 2017.7
（辽宁省优秀自然科学著作）
ISBN 978-7-5591-0272-0

Ⅰ . ①辽… Ⅱ . ①王… Ⅲ . ①树种—识别—辽宁—图谱 Ⅳ . ① S79-64

中国版本图书馆 CIP 数据核字 (2017) 第 120039 号

出版发行：辽宁科学技术出版社
　　　　　（地址：沈阳市和平区十一纬路25号　邮编：110003）
印 刷 者：辽宁泰阳广告彩色印刷有限公司
经 销 者：各地新华书店
幅面尺寸：185 mm × 260 mm
印　　张：10.5
字　　数：220千字
印　　数：1~1 000
出版时间：2017 年7月第1版
印刷时间：2017 年7月第1次印刷
责任编辑：郑　红
策划编辑：陈广鹏
封面设计：嵘　嵘
版式设计：于　浪
责任校对：李淑敏

书　　号：ISBN 978-7-5591-0272-0
定　　价：90.00 元

联系电话：024-23280036
邮购热线：024-23284502
http://www.lnkj.com.cn

本书编委会

主　编　王书凯　王忠彬　陈清霖　陈孟涤

副主编　雷庆锋　于海龙　胡振全　齐学军　武文昊

参　编　（按姓名首字笔画排序）

卜　军	王　刚	王　蕊	王维忠	尤晓晓	邓铁军
付化瑞	付奥南	丛　健	曲宏成	刘　琳	刘姗姗
刘俊文	刘树仁	刘景强	刘丽馥	杜芳芝	朱雪征
吴　杨	何武江	冷艳雪	沙学仁	沙学平	宋　丹
杨晓明	张　薇	张可教	张立鹏	张宝童	张录华
张炳义	张恒斌	张艳春	张凌梅	张敏丽	张新山
陈丽媛	岳彦桥	金志刚	周　狄	周　威	周　娜
房　钢	赵　聪	赵晓敏	赵雪崴	赵博文	赵慧珠
胡　旭	胡伟平	段宏宇	段秀梅	姚　博	秦　琳
秦　静	柴志茹	徐　特	高千荣	曹　冰	曹　颖
温　亮	傅海英	韩明君	甄广运	樊景春	魏　斌

前　言

　　辽宁省位于我国东北地区南部，东部隔鸭绿江与朝鲜民主主义人民共和国相望，南邻黄海和渤海，西北与内蒙古接壤，西南与河北省毗邻，北部和东北部与吉林省相邻，属于温带大陆性季风气候区。在植物区系上，辽宁省位于长白、华北、蒙古3个植物区系的交汇地带。优越的地理位置，适宜的气候，决定了植物的种类和分布。辽宁省木本植物种类繁多，资源丰富，如何充分发挥它们的经济效益、社会效益和生态效益，使其更好地为我们提供优质的生活环境，是林业和园林工作者努力工作的目标。

　　特别是在社会高速发展的今天，郊游已日益成为提升人们生活质量和品位的一种时尚。当你走进郊外的森林或漫步于绿荫丛中，聆听着鸟鸣虫唱、呼吸着新鲜的空气、享受着大自然醉人的芳香时，你就会有一种冲动，想去认识眼前五彩缤纷、形态各异、带给你心灵陶醉的植物，想去近距离欣赏一下林中千姿百态的树木。植物种类不同，其形态特征也各有差异，通常亲缘关系越远，形态特征区别越明显；亲缘关系越近，形态特征越相似，区别起来难度也越大。因此，对于从事林业和园林工作的专业人员来说，准确地鉴别树木，正确地使用树木，是其必须掌握的一项基本技能。

　　本书从林业生产及园林绿化工作的实际需要出发，结合编者多年的生产实践和教学经验，收集了辽宁省内常见的、形态相近似的、生产应用中易混淆的木本植物，进行了形态识别特征比较，并配以对应特征的原色图片，便于读者比较、识别和掌握这些植物，更好地利用这些植物资源。本书编入的木本植物涵盖35科71属151种（包括变种及品种），并配有原色图片1 000余张，文字描述力求简洁、重点突出，特征图片力求清晰明了。本书被子植物科的排列顺序采用Engler-Diels（1964年）分类系统排列。书后附有植物中文名称（包括别名）和拉丁学名索引，便于查找每种植物。

　　本书的适用范围广泛，可供林业、园林绿化工作者及植物学、树木学、园林树木学、环境学、森林学等高等、中等农林类院校的师生学习参考，又可为树木分类的爱好者提供帮助。

　　由于编者水平有限，错误之处在所难免，衷心地希望读者批评指正。

编著者

2017年1月于沈阳

目　录

1. 北美乔松、红松与华山松

相同点

北美乔松、红松与华山松同为松科松属常绿乔木。叶针形，5针一束，叶鞘早落。鳞脐顶生，不显著，无刺状尖头。

不同点

北美乔松（美国五针松、北美白松）*Pinus strobus* L.

树皮厚，带紫色，深裂。1年生枝被柔毛，后渐脱落，无白粉。针叶细柔，不下垂。球果窄圆柱形，长 8~12 cm，熟时红褐色，微弯曲，有梗，下垂，被树脂。

红松（果松、海松）*Pinus koraiensis* Sieb. et Zucc.

幼树树皮灰褐色，大树树皮灰褐色或灰色，纵裂成不规则长方形的鳞状块片脱落，内皮红褐色。1 年生枝密被黄褐色或红褐色绒毛。针叶长 6~12 cm，粗硬。球果圆锥状卵形、圆锥状长卵形或卵状长圆形，长 9~14 cm，径 6~8 cm，熟后种鳞不张开或微张开；种鳞向外反曲。

华山松 *Pinus armandii* Franch.

　　幼树树皮灰绿色或淡灰色，大树树皮则灰色，裂成方形或长方形厚块片固着树干上或脱落。1 年生枝绿色或灰绿色（干后褐色），无毛，微被白粉。针叶长 8~15 cm。球果圆锥状长卵形，长 10~20 cm，径 5~8 cm，熟时黄色或褐黄色，种鳞张开；种鳞不反曲或微反曲。

2. 赤松与樟子松

相同点

　　赤松与樟子松同为松科松属常绿乔木。叶针形，2针一束，有细齿，叶鞘宿存。球果生于近枝顶；熟时暗褐黄色。

不同点

赤松（辽东赤松、日本赤松）*Pinus densiflora* Sieb. et Zucc.

　　树干上部树皮红褐色，裂成不规则鳞状薄片脱落。1年生枝橘黄色或红黄色，有白粉或微有白粉，无毛。针叶长8~12 cm，径约0.1 cm。球果圆卵形或卵状圆锥形，长3.0~5.5 cm，径2.5~4.5 cm，有短梗；种鳞薄，鳞盾扁菱形，通常较扁，间或微隆起，横脊明显，鳞脐平或微凸起，有短刺，稀无刺。

樟子松（海拉尔松）*Pinus sylvestris* var. *mongolica* Litv.

树干上部树皮及枝皮黄色至褐黄色，下部树皮灰褐色或黑褐色，深裂成不规则的鳞状块片脱落。1年生枝暗灰褐色，无白粉。针叶粗硬，常扭转，长 3~9 cm，径 0.15~0.20 cm。球果圆锥状卵圆形，长 3~6 cm，径 2~3 cm，幼果下垂，基部对称稀偏斜；种鳞的鳞盾扁平或三角状隆起，有锐脊，斜方形或多角形，上部凸尖，鳞脐小，鳞脐特别隆起，常有尖刺。

3. 北美黄杉、臭冷杉与辽东冷杉

相同点

北美黄杉、臭冷杉与辽东冷杉同为松科常绿乔木。大枝不规则轮生。叶条形,扁平,排成二列。

不同点

北美黄杉(花旗松)*Pseudotsuga menziesii* (Mirbel) Franco

北美黄杉为黄杉属植物。幼树树皮平滑,大树则树皮厚,鳞状深裂。1年生枝淡黄色(干时红褐色),微被毛,有微隆起的叶枕。叶先端钝或微尖,叶表深绿色,叶背淡绿色,有两条灰绿色气孔带。球果单生侧枝顶端,椭圆状卵圆形,下垂,有柄;种鳞木质,坚硬,蚌壳状,宿存;苞鳞直伸,长于种鳞,显著露出,先端3裂,中裂片细长,侧裂片宽短,有细齿。

臭冷杉（臭松、东陵冷杉）*Abies nephrolepis* （Trautv.） Maxim.

臭冷杉为冷杉属植物。树皮平滑或有浅裂纹，常具横裂的瘤状皮孔，灰色。枝斜展，密被淡褐色短柔毛。小枝上叶脱落后留有圆形或近圆形的叶痕。营养枝的叶先端有凹缺或二裂，果枝的叶先端尖或有凹缺，叶背有两条白色气孔带。球果生于小枝上面的叶腋，卵状圆柱形，直立，无柄；较小，长 4.5~9.5 cm，径 2~3 cm；中部种鳞肾形或扇状肾形，较薄，背面露出部分密被短毛，苞鳞较短，不露出或微露出。

辽东冷杉（杉松、沙松、白松）*Abies holophylla* Maxim.

辽东冷杉为冷杉属植物。幼树树皮淡褐色，不裂，大树树枝则灰褐色或暗褐色，浅纵裂成条片状。小枝上叶脱落后留有圆形或近圆形的叶痕。叶先端急尖或渐尖，叶背有两条白色气孔带。球果生于小枝上面的叶腋，圆柱形，直立，近无柄；较大，长 6~14 cm，径 3.5~4.0 cm；中部种鳞近扇状四边形或倒三角状扇形，微厚。苞鳞短，长不及种鳞一半，不露出。

4. 红皮云杉与青杆

[相同点]

红皮云杉与青杆同为松科云杉属常绿乔木。树冠塔形。大枝轮生；小枝上有显著的叶枕，叶枕下延，顶端突起成木钉状。小枝基部有宿存芽鳞。叶四棱状条形，四面有气孔线。球果单生枝顶，下垂。

[不同点]

红皮云杉（红皮臭）*Picea koraiensis* Nakai

树皮灰褐色或淡红褐色，呈不规则长条状薄片脱落，裂缝常为红褐色。1年生枝黄色、淡黄褐色或淡红褐色，2~3年生枝淡黄褐色、褐黄色或灰褐色，小枝基部宿存芽鳞明显向外反曲。叶微弯，长1.2~2.2 cm，先端急尖。球果卵状圆柱形或长卵状圆柱形，中部种鳞倒卵形，上部圆形或钝三角形，背面微有光泽，平滑，无明显条纹。

青杆 *Picea wilsonii* Mast.

　　树皮灰色，鳞状剥裂。小枝纤细下垂，光滑无毛，基部宿存芽鳞紧贴小枝，1 年生枝灰白色，2 年生枝灰色。叶较细短，长 0.7~1.2 cm，弯曲，先端钝尖。球果卵状长圆形，两端均为圆形，种鳞广倒卵形，先端广圆形，有不整齐的牙齿或近全缘。

5. 冷杉属与云杉属

相同点

冷杉属与云杉属同为松科常绿乔木。树干通直。大枝轮生，小枝基部有宿存芽鳞。叶条形，质硬，排成两列状。球果当年成熟。

不同点

冷杉属 *Abies* Mill.

小枝上叶脱落后留有圆形或近圆形的叶痕，平滑，不粗糙。叶扁平条形，叶表中脉凹下，叶背中脉隆起，每侧各有1条气孔带，叶柄短。球果生于小枝上面的叶腋，直立；种鳞木质，排列紧密，熟时或干后自中轴脱落；苞鳞露出或不露出。

云杉属 *Picea* Dietr.

小枝上有显著的叶枕，叶枕下延，彼此之间有凹槽，顶端突起成木钉状，叶生于叶枕顶端，脱落后小枝粗糙。叶四棱状条形，四面的气孔线条数近相等或叶背较少，或扁平条形而两面中脉隆起，仅叶表有气孔线，无柄。球果单生枝顶，下垂；种鳞薄木质或近革质，宿存；苞鳞短小，不露出。

6. 落叶松属与雪松属

相同点

　　落叶松属与雪松属同为松科乔木。有长枝和短枝之分。叶在长枝上螺旋状排列，在短枝上簇生状。雄球花和雌球花分别单生于短枝顶端，直立。

不同点

落叶松属 *Larix* Mill.

　　落叶乔木。小枝通常较细。叶窄条形，扁平，柔软，淡绿色，叶表平或中脉隆起，叶背中脉隆起，两侧各有数条气孔线。球花春季与叶同时开放。球果当年成熟，具短柄；种鳞革质，宿存；苞鳞露出或不露出。

雪松属 *Cedrus* Trew.

常绿乔木。枝条基部有宿存的芽鳞,叶脱落后有隆起的叶枕。叶针形,坚硬,通常三棱形或背腹明显呈四棱形。球果翌年(稀第三年)成熟;种鳞木质,宽大,扇状倒三角形,排列紧密,熟时自中轴脱落;苞鳞小,不露出。

7. 北美香柏、侧柏与圆柏

相同点

　　圆柏、侧柏与北美香柏同为柏科常绿乔木。有鳞形叶的，则鳞形叶交叉对生。球花单性，单生枝顶；球果当年成熟。

不同点

　　北美香柏（香柏、美国侧柏、黄心柏木）*Thuja occidentalis* L.

　　北美香柏为崖柏属植物。树冠塔形。树皮红褐色或橘褐色，有时灰褐色。生鳞叶的小枝排成平面，扁平。小枝片上面的鳞叶深绿色，下面的鳞叶灰绿色或淡黄绿色，几无白粉。两侧的鳞叶与中间的鳞叶近等长或稍短，内弯，中间的鳞叶明显隆起，有透明的圆形腺点，揉碎时有香气。雌雄同株。球果长椭圆形，褐色，成熟后种鳞革质，张开；种鳞 5 对，稀 4 对，下面 2~3 对发育，果鳞薄，各有 1~2 粒种子。

侧柏 *Platycladus orientalis* （L.）Franco

侧柏为侧柏属植物。幼树树冠卵状尖塔形，老树树冠则广圆形。树皮淡灰褐色，纵裂成条片。生鳞叶的小枝扁平，直展，两面均为绿色，鳞叶叶背有纵凹槽。雌雄同株。球果近卵圆形，褐色，成熟后种鳞革质，张开；种鳞4对，扁平，背部顶端的下方有一反曲的小尖头。

圆柏（桧柏）*Sabina chinensis* (L.) Ant.

圆柏为圆柏属植物。树冠尖塔形或圆锥形，老树树冠广圆形。树皮灰褐色，纵裂成长条片状剥离。幼树枝条斜上伸展，老树下部大枝平展。有叶小枝不排成一平面。叶二型，幼树几乎完全为刺形叶，中龄树为刺形叶与鳞形叶同时存在，老树则几乎全为鳞形叶；刺形叶 3 枚轮生，鳞形叶交叉对生。雌雄异株或同株。球果近球形，肉质，熟时暗褐色，被白粉，不张开。

8. 日本扁柏与日本花柏

相同点

日本扁柏与日本花柏同为柏科扁柏属常绿乔木。树皮深纵裂。生鳞叶的小枝通常扁平，排成一平面，近平展或平展。鳞形叶。雌雄同株，球花单生枝顶；雄球花卵圆形或长椭圆形，雄蕊 3~4 对，交叉对生；雌球花圆球形，具 3~6 对珠鳞，交叉对生。球果当年成熟，较小，球形；种鳞木质，盾形，熟时开裂。

不同点

日本扁柏（扁柏、钝叶花柏）*Chamaecyparis obtusa* (Sieb. et Zucc.) Endl.

树冠尖塔形。树皮红褐色，裂成薄片。小枝片下面被白粉或微被白粉。鳞叶肥厚，先端钝，两侧之叶对生成 Y 形。球果较大，径 0.8~1.0 cm，红褐色；种鳞 4 对，顶部五边形或四方形，平或中央微凹，凹中有小尖头。

日本花柏 *Chamaecyparis pisifera* (Sieb. et Zucc.) Endl.

树冠狭。树皮褐色，裂成薄而狭的条片剥落。小枝片水平展开，枝片下面鳞叶白粉显著。叶先端尖锐，两侧的叶略大于中间的，先端稍外展。球果较小，径约 0.6 cm，熟时暗褐色；种鳞 5~6 对，顶部中央稍凹，有突起的小尖头。

9. 矮紫杉与粗榧

相同点

常绿灌木。叶条形，螺旋状排列，基部扭转排成两列；叶表中脉隆起，叶背有两条气孔带。雌雄异株，球花腋生。

不同点

矮紫杉（伽罗木） *Taxus cuspidate* var. *nana* Rehd.

矮紫杉为紫杉科紫杉属植物。树皮红褐色，呈薄条片状脱落。小枝不规则互生。叶长 1.0~2.5 cm，先端通常尖，有光泽，叶背气孔带淡黄色或淡灰绿色，气孔带较绿色边带宽 2 倍。球花单生叶腋。种子当年成熟，坚果状，生于杯状肉质红色的假种皮中，种子卵圆形，紫红色，上部有 3~4 钝脊，顶端有小钝尖头，种脐三角形或四方形。

粗榧 *Cephalotaxus sinensis* (Rehd. et Wils.) Li

粗榧为三尖杉科三尖杉属（粗榧属）植物。树皮灰色或灰褐色，裂成薄片脱落。小枝常对生。叶长 2~5 cm，上部渐窄，先端渐尖或微凸尖，基部圆截形或圆形，质地较厚，叶背气孔带白色，是绿色边带宽的 2~4 倍。种子翌年成熟，核果状，全部包于由珠托发育成的肉质假种皮中，常数个（稀为 1 个）生于梗端微膨大的轴上，卵圆形、椭圆状卵形或球形，顶端具突起的小尖头，基部有宿存的苞片，外种皮骨质、坚硬、内种皮薄膜质。

10. 胡桃与胡桃楸

相同点

　　胡桃与胡桃楸同为胡桃科胡桃属落叶乔木。奇数羽状复叶互生。菜荑花序；雄花序下垂，雌花序直立，柱头羽毛状。核果，外、中果皮肉质，内果皮骨质。

不同点

胡桃（核桃）*Juglans regia* L.

　　小枝光滑；片状髓，白色。小叶5~9（13），叶缘全缘或近全缘，叶背脉腋有簇生毛。雌、雄花序较短。雌花序具1~4雌花，柱头浅绿色。果实近球形，无毛，先端圆；果核具2纵脊。

胡桃楸（核桃楸、山核桃）*Juglans mandshurica* Maxim.

小枝被淡黄褐色毛；片状髓，褐色。小叶 9~17，叶缘具细锯齿，叶背密生褐色短毛。雌、雄花序较长。雌花序具 5~10 雌花，柱头鲜红色。果实卵形或椭圆形，密被褐色腺毛，先端尖；果核有 8 条纵脊。

11. 毛榛子与榛子

相同点

　　毛榛子与榛子同为桦木科榛属落叶灌木。树皮灰褐色。小枝黄褐色密被长毛及短毛。单叶互生，叶较大，叶缘具不规则重锯齿或缺刻。早春先叶开花；雄花序圆锥状，下垂，无花被；雌花簇生为芽鳞包被，花被小，不规则齿裂或缺裂，仅红色花柱外露，花柱2。坚果球形或卵圆形，外有果苞所包被。

不同点

毛榛子（胡榛子、火榛子）*Corylus mandshurica* Maxim. et Rupr.

　　叶倒卵状长圆形或阔椭圆形，先端短尾尖或突渐尖，基部心形，叶两面疏生短柔毛，叶背沿脉毛较密，侧脉6~7对。果2~4簇生，果苞在坚果以上缢缩成长管状，长3.5~5.0 cm，密被黄褐色刚毛及短毛，上部浅裂，裂片披针形；果径约1.5 cm，密被白色细毛，顶端具小尖头，密被硬毛，深藏在果苞内。

榛子（平榛）*Corylus heterophylla* Fisch.

叶倒卵状长圆形或倒宽卵形，先端平截，下凹，具三角形尖头，基部心形或圆形，叶表无毛，叶背沿叶脉被毛，侧脉 5~7 对。果 1~6 簇生；叶状果苞较短，呈钟形，外面密生短柔毛和刺毛状腺体，先端有不规则裂片，裂片三角形，近全缘；果序柄长约 1.5 cm，被毛。果径 0.7~1.3 cm，先端外露。

12. 辽东栎与蒙古栎

相同点

辽东栎与蒙古栎同为壳斗科栎属落叶乔木。树皮深纵裂。单叶互生；叶倒卵形或倒卵状长椭圆形，边缘波状浅裂。雄花为荑黄花序，簇生，下垂，雌花序穗状，直立。壳斗杯状，外被鳞形覆瓦状排列的苞片；每壳斗具一坚果。

不同点

辽东栎 *Quercus liaotungensis* Koidz.

叶倒卵形或椭圆状倒卵形，先端钝圆或短突尖，基部窄圆形或耳形，边缘有 5~7 对波状浅裂，老树时无毛。壳斗浅杯形，包果约 1/3，小苞片长三角形，基部微凸，上部边缘呈扁平状，不凸起，疏被短绒毛。坚果卵形或卵状椭圆形，径 1.0~1.3 cm，高 1.7~1.9 cm。

蒙古栎（柞树、蒙古柞）*Quercus mongolica* Fisch.

叶倒卵形或倒卵状长椭圆形，先端多钝圆，基部耳形，边缘有 8~9（10）对波状浅裂，老树时无毛或叶背脉上有毛。壳斗杯形，包果 1/3~1/2，壁厚，小苞片三角状卵形，背部呈瘤状突起，密被灰白色短绒毛。坚果卵形或长卵形，径 1.3~1.8 cm，高 2.0~2.3 cm。

13. 槲栎与槲树

相同点

　　槲栎与槲树同为壳斗科栎属落叶乔木。树皮深裂成片状剥落。单叶互生。雄花为葇荑花序，簇生，下垂，雌花序穗状，直立。壳斗杯形，坚果。

不同点

槲栎 *Quercus aliena* Bl.

　　小枝暗褐色，无毛。叶长椭圆状倒卵形或倒卵形，长 10~20（30）cm，宽 4~9 cm，先端微钝或短渐尖，基部楔形，边缘有波状缺刻，叶背密生灰绿色星状毛，侧脉 11~18 对；叶柄长 1~3 cm，无毛。壳斗包果约 1/2，小苞片卵状披针形，排列紧密，被灰白色柔毛。坚果椭圆状卵形或卵形。

槲树（柞栎、波罗栎）*Quercus dentata* Thunb.

小枝粗壮，有沟槽，密被灰黄色星状绒毛。叶倒卵形或倒卵状椭圆形，长 10~20 cm，宽 6~13 cm，先端短钝尖，基部耳形或窄楔形，有 4~10 对波状裂片，幼树时有毛，老树时叶背灰绿色，密被灰色绒毛；叶柄长 0.2~0.5 cm，密被棕色绒毛；托叶线状披针形，长 1.5 cm。壳斗包果 1/3~2/3，小苞片革质，窄披针形，反卷，红棕色，被褐色丝毛。坚果卵形或宽卵形。

14. 春榆与黄榆

相同点

春榆与黄榆同为榆科榆属落叶乔木。单叶互生，先端突尖或尾状尖，叶基部常歪斜，多为重锯齿或单锯齿，羽状脉；叶柄被短柔毛。花两性，簇生。翅果扁平，种子周围有膜质翅，顶端有缺口。

不同点

春榆 Ulmus japonica (Rehd.) Sarg.

树皮暗灰色，纵沟裂，表层剥落。小枝褐色，密生灰白色短柔毛。叶倒卵状椭圆形或广倒卵形，叶表绿色，粗糙，疏生短硬毛，叶背灰绿色，被短柔毛，沿脉较密。果倒卵形，长 0.7~1.5 cm，无毛。种子位于翅果中上部，平滑无毛，接近缺口。

黄榆（大果榆）*Ulmus macrocarpa* Hance

有时呈灌木状。树皮灰黑色，纵裂。小枝淡黄褐色，初被毛，后渐脱落无毛，常具2（4）条扁平的木栓质翅。叶阔倒卵形或倒卵形，先端短突尖至尾尖，两面被短硬毛，粗糙。果倒卵状椭圆形，长 2.0~3.5 cm。种子位于翅果中央。

15. 大叶朴与裂叶榆

相同点

大叶朴与裂叶榆同为榆科落叶乔木。单叶互生，叶较大，先端有裂，叶缘有齿。

不同点

大叶朴 *Celtis koraiensis* Nakai

大叶朴为朴属植物。树皮暗灰色或灰色，微裂。小枝红褐色，无毛。叶广倒卵形或叶圆形，先端圆形或截形，数深裂，从中间伸出尾状的长尖裂片，叶基斜截形或微心形，边缘粗锯齿，仅叶背沿叶脉与脉腋有疏长毛，基部3出脉，侧脉弧曲向上，不直伸齿端；叶柄长0.5~2.0 cm，无毛。花杂性。核果椭圆状球形或卵球形，橙色。

裂叶榆（青榆、山榆）*Ulmus laciniata*（Trautv.）Mayr.

裂叶榆为榆属植物。树皮灰褐色，浅纵裂，不规则片状剥落。小枝暗灰色，幼时被毛。叶倒卵形或倒卵状椭圆形，先端常不规则 3~7 裂，裂片三角形，渐尖或尾状尖，基部楔形，偏斜，缘具整齐重锯齿，叶表被粗糙短硬毛，叶背被柔毛，沿脉处较密，羽状脉，侧脉 10~17 对；叶柄长 0.2~0.5 cm，密生柔毛。花两性，先叶开放。翅果椭圆形或长圆状椭圆形，扁平，顶端有缺口。

16. 蒙桑与桑

相同点

蒙桑与桑同为桑科桑属落叶小乔木或灌木。树皮灰褐色，浅裂，有白色树液。单叶互生。雌雄异株；雄花和雌花均为腋生的荑荑花序。聚花果肉质，熟时多浆、味甜，淡红、白色、紫色或黑紫色，俗称桑葚。

不同点

蒙桑（崖桑）*Morus mongolica*（Bur.）Schneid.

小枝灰褐至红褐色，光滑，有时被白粉。叶卵形至椭圆状卵形，先端尾尖，基部心形，边缘具较整齐粗锯齿，齿端具长刺尖，有时叶缘有缺刻或3~5裂，两面无毛；叶柄长 3~6 cm。雌花花柱明显。聚花果圆柱形，熟时红紫色或紫黑色。

桑（家桑、桑树）*Morus alba* L.

小枝细，灰褐色，幼时有毛或光滑。叶卵形或宽卵形，先端尖或短渐尖，基部圆形或浅心形，稍歪斜，边缘锯齿粗钝或呈不规则分裂，叶表无毛，叶背沿脉或脉腋有白色疏毛；叶柄长 1.5~3.5 cm。雌花无花柱或花柱极短。聚花果球形至长圆柱形，熟时紫黑色或白色。

17. 大叶小檗与掌刺小檗

相同点

　　大叶小檗与掌刺小檗同为小檗科小檗属落叶灌木。树皮灰褐色，纵裂。枝上具尖刺。单叶互生或在短枝上簇生，叶缘具刺尖锯齿。总状花序，有花 10~20 朵，花黄色。浆果红色。

不同点

　　大叶小檗（阿穆尔小檗、三棵针）*Berberis amurensis* Rupr.

　　高达 2~3 m。枝灰黄色或灰色，微有棱槽。枝上刺分 3 叉，长 1~2 cm。叶矩圆形、卵形或椭圆形，先端急尖或圆钝，基部渐狭，边缘具密刺尖锯齿，叶背有时被白粉。果椭圆形，常被白粉。

掌刺小檗（朝鲜小檗）*Berberis koreana* Palib.

高 1.0~1.5 m。具匍匐茎。老枝暗红褐色，有棱，无疣点。枝上刺粗壮明显，单刺叶状或掌状 3~7 分叉。叶长圆状椭圆形至长圆状倒卵形，先端圆，基部收缩成柄，边缘有刺状锯齿，叶背灰绿色，被粉。果近球形，有光泽。

18. 北美鹅掌楸与鹅掌楸

相同点

北美鹅掌楸与鹅掌楸同为木兰科鹅掌楸属落叶乔木。枝具环状托叶痕。单叶互生，叶形似马褂状，叶缘波状或有深缺裂，叶柄长。花两性，单生枝顶，花被片9，外轮3片，绿色，萼片状，向外开展。聚合翅状小坚果，熟后散落，顶端延伸成翅，种子1~2。

不同点

北美鹅掌楸 *Liriodendron tulipifera* L.

小枝褐色或紫褐色，常具白粉。叶长7~12 cm，叶两侧各有1~2（3）裂，叶裂凹浅平，不向中部凹入，老叶叶背无白粉。花药长1.5~2.5 cm，花丝比鹅掌楸长，长1.0~1.5 cm；开花时雌蕊群不伸出花被片之上。

鹅掌楸（马褂木）*Liriodendron chinense* (Hemsl.) Sarg.

小枝灰色或灰褐色。叶长 14~18 cm，叶两侧通常 1 裂，向中部凹入较深，老叶叶背有乳头状白粉点。雄蕊多数，花药长 1.0~1.6 cm，花丝长约 0.5 cm；开花时雌蕊群伸出花被片之上。

19. 老铁山腺毛茶藨与美丽茶藨子

相同点

老铁山腺毛茶藨与美丽茶藨子同为虎耳草科茶藨子属落叶灌木。小枝节上常具 1 对小刺。单叶互生，叶宽卵圆形，稀近圆形，掌状 3~5 裂，基部截形或浅心形。花单性，雌雄异株；总状花序。浆果球形，红色。

不同点

老铁山腺毛茶藨 *Ribes giraldii* var. *polyanthum* Kitag.

幼枝红褐色或棕褐色，具柔毛和腺毛。叶中间裂片宽而长，菱形，边缘有粗钝锯齿、缘毛和腺毛；叶两面被柔毛和腺毛，背面毛较密。花黄绿色，雄花序较紧密，有花多达25朵；雌花序具花 2~6 朵；花序轴与花梗密生短柔毛和腺毛；子房微具柔毛。

美丽茶藨子*Ribes pulchellum* Turcz.

幼枝褐色或红褐色，有光泽，被柔毛，老时毛脱落。叶边缘具粗锐或微钝单锯齿和缘毛，两面具较稀疏短柔毛。花瓣很小，鳞片状，淡红色；雄花序疏松排列；雌花序具花8~10朵；花序轴和花梗具短柔毛，常疏生短腺毛；子房无毛。

20. 东北茶藨与黑果茶藨

相同点

　　东北茶藨与黑果茶藨同为虎耳草科茶藨子属落叶灌木。枝粗壮，无刺。单叶互生或簇生于短枝上；先端渐尖，基部心形，叶柄被毛。花两性，总状花序。浆果近球形，萼宿存。

不同点

东北茶藨 *Ribes mandshuricum* (Maxim.) Kom.

　　枝灰色，小枝褐色。叶掌状 3 裂或 5 裂，中裂片稍长，侧裂片开展，边缘有尖锯齿，叶表绿色，散生细毛，叶背色淡，密被白绒毛。花小，绿色，花序轴与花柄密被绒毛，萼裂片淡绿色或黄绿色，倒卵形，反卷。果实径 0.7~0.9 cm，红色，无腺点。花期 5—6 月；果期 7—9 月。

黑果茶藨（黑豆果、黑穗醋栗、黑加仑）*Ribes nigrum* L.

老枝灰褐色，稍纵向剥裂枝，幼时具黄色树脂点。叶近圆形，3~5裂，裂片宽卵形，具不规则锯齿，叶表无毛，叶背沿脉被短柔毛，散生黄色腺点。花白色，萼筒被树脂点及柔毛，萼裂片长圆形，反卷。果实直径0.8~1.5 cm，熟时紫黑色，具黄色腺点。花期4月下旬至5月初；果期6月下旬至7月。

21. 华茶藨与香茶藨

相同点

　　华茶藨与香茶藨同为虎耳草科茶藨子属落叶灌木。小枝灰褐色，无刺。单叶互生，3~5掌状分裂。花瓣小。浆果近球形，萼宿存。

不同点

华茶藨 *Ribes fasciculatum* var. *chinense* Maxim.

　　小枝、叶两面及花梗均被较密柔毛。叶广卵形，叶宽达10 cm，浅裂，基部截形或心形，缘有粗钝锯齿，冬季常不凋落。花单性，雌雄异株；伞形花序几无总梗；花梗长0.5~0.9 cm，具关节；萼片卵圆形或舌形，花期反折；花瓣近圆形或扇形，小。果实红褐色。

香茶藨 *Ribes odoratum* Wendl.

小枝被短绒毛。叶两面幼时具短柔毛和腺体，渐脱落至近无毛。叶倒卵形或圆肾形，宽 3~5 cm，深裂，基部宽楔形、截形或近圆形，缘全缘或有齿，有缘毛。花两性；总状花序有花 5~10 朵，芳香，花序轴密生毛；萼裂片黄色，外卷；花瓣小，淡红色。果实黄色或黑色。

22. 大花溲疏与李叶溲疏

相同点

大花溲疏与李叶溲疏同为虎耳草科溲疏属落叶灌木。单叶对生，叶卵形或卵状椭圆形，常具星状毛，叶缘有不整齐细锯齿。聚伞花序，通常有花 1~3 朵；萼裂片 5，花瓣 5，白色，花丝上部有 2 裂齿；花柱 3~5，宿存。蒴果被星状毛。

不同点

大花溲疏 *Deutzia grandiflora* Bge.

株高 1~2 m。老枝灰色，皮不剥落。小枝淡灰褐色，被星状毛或近无毛。叶长 2~5 cm，宽 1.0~2.5 cm，叶表疏被 3~6 条放射状星状毛，叶背灰白色，密生 6~12 条放射状星状毛，中央有直立单毛。花萼筒密被星状毛，萼裂片线状披针形，长 0.4~0.5 cm；花较大。蒴果半球形，被星状毛。

李叶溲疏 *Deutzia hamata* Koehne

株高约 1 m。老枝灰褐色，树皮片状剥落。小枝红褐色，无毛。叶长 3~8 cm，宽 1.5~5.0 cm，叶表密生 4~6 条放射状星状毛，叶背淡绿色，散生 4~8 条放射状星状毛，沿叶脉有单毛。花萼密被白毛及星状毛，萼裂片线形，长 0.5~0.7 cm；萼筒长 0.2~0.3 cm，花较小。蒴果扁球形，被星状毛，花柱反卷。

23. 光萼溲疏与小花溲疏

> **相同点**

　　光萼溲疏与小花溲疏同为虎耳草科溲疏属落叶灌木。单叶对生，叶卵形、卵状椭圆形或椭圆状披针形，先端渐尖，基部宽楔形或圆形，具细锯齿。伞房花序，多花；萼裂片5；花瓣5，白色；花柱3。蒴果。

> **不同点**

　　光萼溲疏（千层皮、无毛溲疏）*Deutzia glabrata* Kom.

　　小枝红褐色，无毛。叶表散生3~4条放射状星状毛或无毛，叶背无毛。花序轴、花梗及花萼光滑；萼齿极短，三角形；花丝上部无裂齿；花柱与花丝近等长。蒴果半球形，无毛。

小花溲疏 *Deutzia parviflora* Bge.

小枝褐色，疏被星状毛。叶表疏生 5~6 条放射状星状毛，叶背疏生 8~12 条放射状星状毛，沿主脉有单毛。花梗与萼密被星状毛；萼裂片广卵形，较萼筒短；花丝上部具短钝裂齿；花柱较雄蕊短。蒴果扁球形，外有星状毛。

24. 大花水亚木与东陵八仙花

相同点

　　大花水亚木与东陵八仙花同为虎耳草科八仙花属落叶灌木。树皮剥落状。单叶对生，稀轮生；叶长圆状卵形或椭圆状卵形。花异形，花序外缘常有不育花，通常大，萼裂片 4，常呈花瓣状。蒴果。

不同点

　　大花水亚木（大花绣球花）*Hydrangea paniculata* 'Grandiflora'

　　小枝粗壮，略方形。叶表无毛或有稀疏糙状毛，叶背有刚毛及短柔毛，脉上尤多，叶缘有内曲的细锯齿。圆锥花序全部或大部分为大型不育花，长达 30~40 cm，花期持久，不育花白色，后变淡紫色。蒴果椭圆形。花期 8—10 月。

东陵八仙花（东陵绣球）*Hydrangea bretschneideri* Dipp.

叶表散生刚伏毛，叶背密被短柔毛，沿叶脉被短柔毛或近无毛，叶缘有突尖的锯齿，叶柄被柔毛。伞房状聚伞花序；花轴与花梗被长柔毛；不育花白色或淡绿黄色，外面常变紫色。蒴果近卵形。花期6—7月。

25. 东北山梅花与京山梅花

相同点

　　东北山梅花与京山梅花同为虎耳草科山梅花属落叶灌木。单叶对生；叶卵形或椭圆状卵形，近革质，3~5出脉。总状花序通常有花5~7朵；花白色，芳香；花萼钟形，裂片4，萼裂片三角状卵形。蒴果，4瓣裂。

不同点

东北山梅花 *Philadelphus schrenkii* Rupr.

　　1年生枝被灰色平伏毛，后渐脱落，2年生枝灰色，平滑。叶长5~13 cm，先端渐尖，边缘具疏齿或近全缘；叶柄疏被长柔毛。花序轴、花梗及萼筒均有柔毛；柱头钝圆。蒴果近椭圆形。

京山梅花（太平花）*Philadelphus pekinensis* Rupr.

1 年生小枝紫褐色，无毛，2 年生枝栗褐色，枝皮剥落。叶长 3~6 cm，先端长渐尖，具锯齿；花序轴、花梗及萼筒均光滑无毛；柱头近头状。蒴果倒圆锥形。

26. 东北绣线梅与小野珠兰

相同点

　　东北绣线梅与小野珠兰同为蔷薇科落叶灌木。鳞芽，叠生。小枝细弱。单叶互生；叶背脉上有短柔毛；托叶早落。花两性；花序顶生；花白色；花轴、小花梗、萼筒均有毛；萼片5，花瓣5。蓇葖果。

不同点

东北绣线梅 *Neillia uekii* Nakai

　　东北绣线梅为绣线梅属植物。小枝开展，"之"字形曲折，微具棱角。叶卵圆形至广卵形或长圆状卵圆形，基部通常为圆形，先端尾尖，边缘有重锯齿，浅裂状，叶表光滑无毛，叶背沿脉微被柔毛。总状花序；萼筒钟状，三角形，直而短；花瓣近圆形至广椭圆形；雄蕊15。果椭圆形，包于宿存萼筒内，萼筒外密被长腺毛及短柔毛，沿腹缝线开裂。

小野珠兰（小米空木）*Stephanandra incisa* (Thunb.) Zabel.

小野珠兰为小米空木属植物。小枝细弱、弯曲、圆柱形。叶卵形至三角状卵形，先端渐尖或尾尖，基部心形或截形，边缘常深裂，有4~5对裂片及重锯齿，叶表具稀疏柔毛，叶背微被柔毛，沿叶脉较密。圆锥花序；萼筒杯状；花瓣倒卵形；雄蕊10。果偏斜近球形，直径2~3 mm，外被柔毛，具宿存直立或开展的萼片，熟时自基部开裂。

27. 棣棠花与鸡麻

相同点

棣棠花与鸡麻同为蔷薇科落叶灌木。单叶，叶缘重锯齿，托叶与叶柄分离。花两性，单生新枝顶端，萼片卵形，雄蕊多数，离生，子房上位。果黑色。萼宿存。

不同点

棣棠花 *Kerria japonica* (L.) DC.

棣棠花为棣棠属植物。高 1.5~2 m。小枝绿色，光滑，棱线明显。叶互生，叶片卵形或三角状卵形，先端渐尖，基部截形或近圆形，叶表无毛或有稀疏短柔毛，叶背微生短柔毛；叶柄长 0.5~1.5 cm，无毛。花瓣 5，黄色，宽椭圆形，基部具短爪；萼筒扁平，萼片 5，全缘，无副萼；离生心皮 5~8。瘦果，半球形。

鸡麻 *Rhodotypos scandens* (Thunb.) Makino

鸡麻为鸡麻属植物。高 2~3 m。枝紫褐色或绿色，圆形，无毛。叶对生，叶片卵形至卵状椭圆形，先端锐尖，基部广楔形、截形或圆形，叶表皱，叶背至少幼时有柔毛；叶柄长 0.3~0.5 cm，被白色柔毛。花瓣 4，白色，近圆形；萼片 4，有锯齿，副萼 4；离生心皮 4。核果，倒卵形。

28. 金露梅与银露梅

相同点

　　金露梅与银露梅同为蔷薇科委陵菜属落叶小灌木。树皮灰褐色。幼枝被柔毛。奇数羽状复叶互生，小叶先端急尖，叶缘全缘；托叶与叶柄连成鞘状。花两性，单生或聚伞花序；花梗被毛；花托突起；萼片5，在芽内镊合状排列，宿存；副萼5；花瓣5。聚合瘦果，有毛，分离，着生于干燥凸起的花托上。

不同点

金露梅（金老梅、棍儿茶） *Potentilla fruticosa* L.

　　高1.5 m。小叶常5，稀3或7，长椭圆形、卵状披针形或长圆状披针形，较大，长0.6~1.5 cm，宽0.3~0.6 cm，基部楔形，叶两面绿色，微有丝状长柔毛，叶背较少，叶缘平坦。花黄色。

银露梅（银老梅、白花棍儿茶）*Potentilla glabra* Lodd.

高约 0.6 cm。小叶 3~5，椭圆形、椭圆状宽卵形或椭圆状倒卵形，较小，长 0.2~0.7 cm，基部圆稍窄，叶表较皱，叶背灰绿色，两面被柔毛，稀近无毛，叶缘微向后反卷。花白色。

29. 单瓣黄刺玫与樱草蔷薇

相同点

　　黄刺玫与樱草蔷薇同为蔷薇科蔷薇属落叶灌木。有皮刺，皮刺直立。奇数羽状复叶互生；托叶与叶柄合生。花单生，生于新枝顶端；花梗无毛，无苞片；萼片披针形，全缘，宿存；萼片及花瓣5；雄蕊多数，生于萼筒的口部；心皮多数，离生，包藏于壶状花托内，子房1室。花托老熟即变为肉质浆果状假果，特称蔷薇果。

不同点

单瓣黄刺玫 *Rosa xanthina* 'Normalis'

　　高1~3 m。小叶广卵形至近圆形，先端钝或微凹，叶基近圆形，叶缘有钝锯齿，叶背幼时微有柔毛，叶背、叶轴、叶柄及托叶均无腺点。花黄色，径4.5~5.0 cm。果近球形，红褐色。

樱草蔷薇 *Rosa primula* Bouleng.

高 1~2 m。小叶椭圆形、倒卵状椭圆形至长椭圆形，先端钝圆或急尖，基部近圆形或宽楔形，叶缘重钝齿，叶表深绿色，叶背浅绿色，中脉凸起，有黄色腺点，两面均无毛；叶轴、叶柄有稀疏腺点；托叶边缘有不明显锯齿和腺点。花淡黄色或黄白色，后白色，径 2.5~4.0 cm。果红色或黑褐色。

30. 山楂叶悬钩子与茅莓悬钩子

相同点

　　山楂叶悬钩子与茅莓悬钩子同为蔷薇科悬钩子属落叶灌木。茎具皮刺。叶互生；有锯齿或分裂；叶柄有皮刺；托叶条形，与叶柄合生。花两性；伞房花序，顶生；花梗有柔毛，萼筒杯状，外被短柔毛；萼片5，果时宿存；花瓣5，雄蕊多数；心皮分离，着生于突起的花托上；子房1室。浆果状聚合核果，聚生在花托上，红色。

不同点

　　山楂叶悬钩子（蓬垒悬钩子、托盘） *Rubus crataegifolius* Bunge

　　茎直立。小枝红褐色，具棱，嫩时被短柔毛，有钩状皮刺。单叶，宽卵形至近圆形，3~5掌状裂，先端渐尖，基部心形或截形，边缘有不整齐粗锯齿，两面绿色，叶背沿叶脉有柔毛，中脉有皮刺。花2~6朵，萼筒外具短柔毛，花白色，花径1.0~1.5 cm。果直径约1 cm。

茅莓悬钩子（小叶悬钩子、婆婆头）*Rubus parvifolius* L.

茎拱曲，近平卧。小枝黄褐色，被白色短柔毛，有稀疏针状小刺。奇数羽状复叶，小叶 3 有时 5；顶端小叶菱状圆形至广菱形，侧生小叶较小，宽倒卵形至椭圆形，先端圆钝，基部宽楔形或近圆形，边缘浅裂和不整齐粗锯齿，表面绿色，疏生柔毛，叶背灰白色，密生白色绒毛。花 3~10 朵，萼筒外具刺毛和短柔毛，花粉红色或紫红色，花径 0.6~0.9 cm。果直径 1.2~2.0 cm。

31. 平枝栒子与水栒子

相同点

　　平枝栒子与水栒子同为蔷薇科栒子木属灌木。单叶互生，全缘；叶柄短。萼片5；花瓣5，花柱离生，每心皮具2胚珠，心皮成熟时变为坚硬骨质。梨果小，近球形，红色，先端有宿存萼片。

不同点

平枝栒子（铺地蜈蚣）*Cotoneaster horizontalis* Decne.

　　半常绿匍匐灌木，高不超过0.5 m，冠幅达2 m。枝水平开展，小枝在大枝上成两列状，宛如蜈蚣，小枝黑褐色，幼时被粗毛，老时脱落。叶近圆形、宽椭圆形，稀倒卵形，长0.5~1.4 cm，先端急尖，基部楔形，叶背疏被柔毛；叶柄长0.1~0.3 cm，被柔毛。花单生或2朵并生；花粉红色，直立，近无柄，径0.5~0.7 cm。果径0.4~0.6 cm。

水枸子（枸子木）*Cotoneaster multiflorus* Bunge

落叶灌木，高达 4 m。枝条细，常呈弓形弯曲，紫色，幼时有毛，后变光滑。叶卵形或宽卵形，长 2~5 cm，先端常圆钝，基部宽楔形或圆形，幼时叶背有柔毛，后变光滑无毛。聚伞花序；花 6~21 朵；总花梗无毛或微被毛；花白色，花柄 0.4~0.6 cm，径 1.0~1.2 cm；花萼无毛；花瓣开展，近圆形。果径约 0.8 cm。

32. 木瓜海棠与贴梗海棠

相同点

　　木瓜海棠与贴梗海棠同为蔷薇科木瓜属落叶灌木。具枝刺。有短枝。单叶互生；缘有齿；托叶大。花簇生于2年生老枝上，先叶开放，花梗粗短或近无梗；萼片5，直立，全缘，脱落；花瓣5；花柱5，基部合生，心皮成熟时变为革质或纸质，每心皮含多数褐色种子，种皮革质。子房下位，5室。梨果大，芳香。

不同点

　　木瓜海棠（木瓜、毛叶木瓜）*Chaenomeles cathayensis* (Hemsl.) Schneid.

　　高2~6 m。枝直立。叶质较厚，叶长椭圆形至披针形，长5~11 cm，叶缘具芒状细尖齿，叶表深绿且有光泽，叶背幼时密被褐色绒毛，后渐脱落。花2~3朵簇生；花淡红色或近白色；花柱基部有毛。果卵形至圆柱形，长8~12 cm，黄色有红晕。

贴梗海棠（贴梗木瓜、皱皮木瓜）*Chaenomeles speciosa* (Sweet) Nakai

高达 2 m。枝开展，无毛。叶卵形至椭圆形，长 3~8 cm，先端尖，基部楔形，锯齿尖锐，叶表无毛，有光泽，叶背无毛或脉上稍有毛。花 3~5 朵簇生，萼筒钟状，无毛，花朱红色、粉红色或白色，径 3~5 cm；花柱基部无毛或稍有毛。果卵形至球形，径 4~6 cm，黄色或黄绿色。

33. 稠李、山桃稠李与紫叶稠李

相同点

　　稠李、山桃稠李与紫叶稠李同为蔷薇科李属落叶乔木。树皮皮孔横向排列。单叶互生；边缘有锯齿，在叶基部或叶柄上有腺体。花两性，总状花序；萼片5，花瓣5，白色；雄蕊多数；子房上位，心皮1，1室，具2胚珠，花柱顶生，柱头头状略扁平。核果。

不同点

稠李（臭李）*Prunus padus* L.

　　树皮灰黑色，浅纵裂。小枝紫褐色，幼嫩时灰绿色，无毛或微生短柔毛。叶椭圆形或倒卵形，先端渐尖，边缘有锐锯齿，叶表深绿色，叶背灰绿色，无毛或仅叶背脉腋间有短柔毛；叶柄无毛，近叶柄基部有2腺体。花序下垂，有花10~30朵，基部有小叶片；总花梗和花梗无毛；萼筒杯状，无毛，萼裂片卵形，花后反折；花略有臭味；花柱比雄蕊短，无毛。果球形，熟时紫黑色。

山桃稠李（斑叶稠李）*Prunus maackii* Rupr

树皮黄褐色，有光泽，片状剥落。小枝灰色或红褐色，幼时有短柔毛。叶椭圆形或倒卵状长圆形，先端长渐尖，基部圆或宽楔形，边缘有细锐重锯齿，叶背散生褐色腺点，沿叶脉有短柔毛；叶柄被短柔毛，近叶片基部有1~2腺体。花序直立，有花10~20朵，基部通常不具小叶片；总花梗和花梗有柔毛；萼筒钟状，外被短柔毛，萼片卵状披针形，边缘有腺齿，比萼筒短；花柱约与雄蕊等长。果卵球形，褐色或褐黑色。

紫叶稠李 *Prunus virginiana* 'Canada Red'

树皮灰褐色，浅纵裂。小枝褐色，近无毛。叶卵状长椭圆形至倒卵形，先端渐尖，边缘有锐锯齿，叶柄近无毛，近叶柄基部有2腺体，初生叶绿色，逐渐变紫色，叶背发灰。花序下垂，有花10朵以上。果球形，红色，后变紫黑色。

34. 东北杏与山杏

相同点

　　东北杏与山杏同为蔷薇科李属落叶植物。单叶互生，边缘有锯齿，叶柄上有腺点或无。花两性，单生，先于叶开放；萼筒短筒形，无毛；萼片5，花后反折，花瓣5，白色、粉红色；子房上位，有短柔毛，1室，具2胚珠，花柱顶生，柱稍长于雄蕊或近等长，柱头头状略扁平。核果近球形，两侧扁，有沟，黄色或带红晕，有短绒毛，果皮肉质；果核平滑，具沟槽或具皱纹，内含种子1粒。

不同点

东北杏（辽杏）*Prunus mandshurica* （Maxim.） Koehne

　　落叶乔木，高达15 m。木栓层发达，暗灰色或灰黑色，深裂。小枝紫褐色。叶宽椭圆形或卵状椭圆形，先端渐尖或短尾，基部圆形，叶缘有粗而深的重锯齿，叶表被疏毛或几乎无毛，叶背中脉两侧或仅脉腋有簇生毛；叶柄长1.5~2.0 cm。花有时2朵并生。果肉微肥厚多汁，成熟时不开裂。

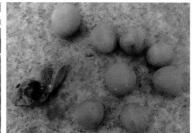

山杏（西伯利亚杏）*Prunus sibirica* L.

落叶小乔木或灌木，高 2~5 m。树皮灰褐色，纵裂。小枝淡红褐色或灰色，细长。叶卵形或近圆形，先端尾状渐尖，基部圆形或近心形，边缘有细锯齿，两面无毛或叶背沿脉有短柔毛；叶柄长 2~3 cm。果肉较薄而干燥，成熟时开裂。

35. 毛樱桃与榆叶梅

相同点

毛樱桃与榆叶梅同为蔷薇科李属落叶灌木。有短枝。侧芽常3枚并生。单叶，在长枝上互生，短枝上簇生，边缘有锯齿，叶两面、叶柄有毛。花两性，先于叶开放，单生或2朵并生；花梗短；萼片5，萼片卵状三角形；花瓣5；子房上位，被柔毛，1室，具2胚珠，花柱细，无毛，顶生，柱头头状略扁平。核果近球形，有毛，果皮肉质；果核有厚硬壳，具浅沟纹，内含种子1粒。

不同点

毛樱桃（山豆子、山樱桃）*Prunus tomentosa* Thunb.

树皮灰褐色，片状剥落。小枝紫褐色，嫩时密被绒毛。叶倒卵形、椭圆形或卵形，先端急尖或微渐尖，边缘有不整齐的粗重锯齿，叶表深绿色，有皱纹和柔毛，叶背密生黄白色绒毛。花有时与叶同时开放，花梗有毛；花径1.5~2.0 cm；萼筒管状，有毛；花白色或淡粉红色。果红色或黄色。

榆叶梅（小桃红）*Prunus triloba* Lindl.

树皮条裂。小枝深褐色，向阳面呈紫褐色，无毛或仅幼时被细柔毛。叶倒卵状椭圆形、菱状倒卵形至三角状倒卵形，先端短渐尖，常 3 裂，基部宽楔形，边缘具粗重锯齿，叶表有疏毛或无毛，叶背有短柔毛。花梗无毛；花径 2~3 cm；萼筒钟状，无毛；花粉红色。果红色，有纵沟，果肉薄，熟时开裂。

36. 欧李与郁李

相同点

欧李与郁李同为蔷薇科李属落叶灌木。单叶互生；边缘有锯齿，叶柄短，其上有腺体。花两性；与叶同时开放；萼片5，花后反折，花瓣5，白色、淡粉红色；子房上位，1室，具2胚珠，花柱顶生，柱头头状略扁平。核果，球形，果皮肉质；果核平滑，内含种子1粒。

不同点

欧李 *Prunus humilis* Bunge

分枝较多，常呈丛生状，小枝红褐色，幼时被短柔毛。叶倒卵状披针形或长圆状披针形，先端急尖或短渐尖，基部楔形，边缘有细锯齿，两面无毛。花单生或2朵并生；花梗有稀疏短柔毛。果鲜红色，有光泽，味酸。

郁李 *Prunus japonica* Thunb.

小枝纤细，灰褐色或红褐色，光滑无毛。叶卵形，稀卵状披针形，先端长尾尖，基部圆形或浅心形，中部以下最宽，边缘有锐重锯齿，叶表无毛，叶背沿叶脉生短柔毛。花2~3朵并生；花梗无毛或有稀疏短柔毛。果暗红色，有光泽。

37. 刺槐、怀槐与槐树

相同点

刺槐、怀槐与槐树同为豆科落叶乔木。奇数羽状复叶互生，小叶对生，全缘，基部宽楔形或近圆形。圆锥花序，花冠蝶形，萼钟形。荚果宿存。

不同点

刺槐（洋槐）*Robinia pseudoacacia* L.

刺槐为刺槐属植物。树皮深灰褐色，有深纵裂。小枝幼时绿色，木质化后灰褐色，光滑或幼时微有柔毛；具2个扁平托叶刺。小叶椭圆形至卵形，先端圆形或微凹，有微尖，叶表绿色被微绒毛，叶背灰绿色，被短毛。花序腋生，下垂；花轴黄褐色，有疏短毛；花梗被短柔毛；萼钟形，5裂，有密毛；花冠白色，甚芳香。果扁平，圆矩形，开裂，沿腹缝线具窄翅，深褐色。花期5—6月。

怀槐（山槐、朝鲜槐）*Maackia amurensis* Rupr. et Maxim.

怀槐为马鞍树属植物。树皮幼时淡绿褐色，老时暗灰色，薄片不规则剥裂。小枝灰褐色至黑褐色，稍有细棱。小叶椭圆形、卵形或倒卵形，先端急尖，幼时叶背密生白色绒毛，后脱落或仅在叶背中脉上有毛。花序顶生，直立；花冠白色，花萼密生红棕色绒毛。果黄褐色，线状椭圆形，扁平，疏生短柔毛，革质，开裂，沿腹缝有狭翅。花期 6—7 月。

槐树 *Sophora japonica* L.

槐树为槐属植物。树皮幼时绿色，有细毛，后脱落，老时灰色或暗灰色，粗糙纵裂。枝暗绿色，有短绒毛。小叶卵状披针形或卵状椭圆形，先端尖，有小刺尖，叶表深绿色，平滑，叶背灰白色，初有毛，后近无毛。花序顶生，直立、花冠乳白色，小花梗有毛。果近圆筒形，肉质，黄绿色，种子缢缩呈串珠状，不开裂。花期 7—8 月。

38. 葛藤与紫藤

相同点

葛藤与紫藤同为豆科落叶缠绕藤本。小枝淡灰褐色，稍有细棱。冬芽先端尖。复叶互生，小叶柄有毛。总状花序，花冠蝶形，紫色，基部有胼胝体附属物及耳，两体雄蕊。荚果条形，有毛。

不同点

葛藤（野葛、葛条）*Pueraria lobata* (Willd.) Ohwi.

葛藤为葛属植物。茎右旋性，块根肥大。全株有黄色长硬毛。小枝伏生白色或黄色柔毛，并疏生褐色硬毛，皮孔凸出。3出复叶，顶生小叶菱状椭圆形或斜椭圆形，全缘或3浅裂，侧生小叶偏斜，有时具2~3浅裂；先端急尖，基部截形或宽楔形，叶表疏生柔毛或无毛，叶背密被短柔毛；叶柄长7~19 cm，有褐色毛。花序腋生，直立；花轴有毛；旗瓣与龙骨瓣等长；翼瓣长圆形。果密生褐色长硬毛，薄革质。花期8—9月。

紫藤（藤萝树）*Wisteria sinensis* (Sims.) Sweet.

紫藤为紫藤属植物。茎左旋性，小枝无毛。奇数羽状复叶，小叶 7~13，小叶卵形、长圆形或卵状披针形，先端渐尖，基部宽楔形或圆形，全缘，幼时密生短柔毛，后脱落；叶柄长 2~5 cm。花序顶生，下垂；萼钟状，疏生柔毛，有 5 短齿，下面的齿较长；芳香，花大，旗瓣大，反曲；翼瓣镰形；龙骨瓣钝，先端有突尖。果具梗，坚硬木质，具喙，灰绿色，密被黄色绒毛。花期 4—5 月。

39. 胡枝子与花木蓝

相同点

胡枝子与花木蓝同为豆科落叶灌木。复叶互生，小叶全缘，有短刺尖，基部圆形。总状花序腋生，花冠蝶形，花萼杯状，萼裂片披针形。荚果，先端狭尖。

不同点

胡枝子（随军茶、帚条）*Lespedeza bicolor* Turcz.

胡枝子为胡枝子属植物。高可达 3 m。多分枝，茎直立粗壮。小枝黄色或灰褐色，有细棱，幼枝被柔毛，后脱落。三出复叶，顶生小叶宽椭圆形，先端钝或凹，两面疏被柔毛，老时脱落；叶柄长 2~7 cm，密生灰色毛。花序较叶长，密被柔毛；花柄很短，有密毛；花冠红紫色，旗瓣较龙骨瓣长。果小，斜卵形，扁平，两面微凸，脉络明显，密生柔毛，有子房柄及短喙，不开裂。花期 7—9 月。

花木蓝（樊梨花、山小豆）*Indigofera kirilowii* Maxim. ex Palibin.

花木蓝为木蓝属植物。高达 1 m。小枝淡绿色或绿褐色，有棱，无毛。奇数羽状复叶，小叶 7~11，小叶宽卵形、椭圆形或菱状卵形，先端钝形或圆形，两面疏生白色丁字毛，叶表亮绿色，叶背苍绿色；叶柄长 1~3 cm，无毛。花序与叶近等长；萼疏生柔毛，先端不整齐 5 裂；花冠淡红色，无毛，旗瓣与其他花瓣略等长。果大，圆筒形，褐色至赤褐色，光滑，开裂。花期 5—7 月。

40. 臭檀吴茱萸与黄波罗

相同点

　　臭檀吴茱萸与黄波罗同为芸香科落叶乔木。裸芽。奇数羽状复叶对生，小叶先端渐尖，叶缘有油腺点。聚伞状圆锥花序顶生；花单性，雌雄异株；花序总轴及花梗有毛；萼片及花瓣均5。果黑色。

不同点

　　臭檀吴茱萸（臭檀、吴茱萸）*Evodia daniellii* (Benn.) Hemsl.

　　臭檀吴茱萸为吴茱萸属植物。树皮暗灰色，平滑，老时横裂。小枝灰褐色，初被短柔毛，后脱落。小叶卵形至长圆状卵形，基部圆形或宽楔形，边缘有钝锯齿，叶背脉腋有白色长柔毛。花白色。聚合蓇葖果常4~5瓣裂，先端有弯曲的喙，紫红色或红褐色，果皮被有透明腺点。

黄波罗（黄檗、黄柏）*Phellodendron amurense* Rupr.

黄波罗为黄檗属植物。树皮厚，淡灰色或灰褐色，深纵裂，具发达木栓层，内皮黄色，味苦。柄下芽。小枝黄褐色，无毛。小叶卵形或卵状披针形，基部宽楔形，边缘有细钝锯齿及透明油点，撕碎后有臭味，仅叶背脉腋有白色簇毛。花黄绿色。浆果状核果球形，有黏胶质液，破碎后有特殊气味。

41. 臭椿与香椿

相同点

落叶乔木。羽状复叶互生，小叶卵状披针形，基部偏斜。花小，花序顶生。

不同点

臭椿（樗）*Ailanthus altissima*（Mill.）Swingle

臭椿为苦木科臭椿属植物。树皮灰色或灰黑色，平滑或略有浅裂纹。小枝粗壮，红褐色或褐黄色，有细毛，后脱落。奇数羽状复叶，小叶先端长渐尖，基部圆形或宽楔形，叶缘微波状，近基部有1~4个腺锯齿，揉搓后有臭味，有时叶背脉上有疏毛。圆锥花序；花单性异株或杂性，淡绿色。翅果纺锤状长椭圆形，熟时黄褐色或红褐色。

香椿 *Toona sinensis* (A. Juss.) Roem.

香椿为楝科香椿属植物。树皮薄，赤褐色，呈不规则的条状纵裂或片状剥落。幼枝黄褐色或灰绿色，有毛。偶数羽状复叶，有特殊气味，小叶先端尾尖，基部近圆形，边缘有浅锯齿或全缘，叶表深绿色，叶背色淡，两面无毛。圆锥状聚伞花序，花白色，有香气；花两性。蒴果椭圆形或卵圆形，成熟时 5 瓣裂。

42. 火炬树与盐肤木

相同点

　　火炬树与盐肤木同为漆树科盐肤木属落叶小乔木或灌木。韧皮部具树脂道。枝、叶和花序密生柔毛。奇数羽状复叶互生，小叶先端尖，基部圆形，叶缘粗锯齿，叶表深绿色，叶背灰绿色，秋季变红色。花单性，雌雄异株，圆锥花序顶生，花小。核果红色，有毛。

不同点

　　火炬树 Rhus typhina L.
　　柄下芽。叶轴无翅；复叶较大，小叶 9~23，卵状披针形或披针形。花序紧密，花淡绿色；雌花子房密生刺毛。果近球形，红色，密被短刺毛，聚为紧密的火炬形果穗，冬季宿存。

盐肤木 *Rhus chinensis* Mill.

树皮灰褐色，有赤褐色斑点。叶轴两侧有叶状翅；复叶较小，小叶 7~13，卵形至卵状长圆形。花序宽大，花乳白色；雌花子房密生柔毛。果扁圆形或近球形，被腺毛或柔毛，成熟时红色。

43. 大翅卫矛与短翅卫矛

相同点

　　大翅卫矛与短翅卫矛同为卫矛科卫矛属落叶灌木或小乔木。冬芽大，长纺锤形，先端尖，灰绿色。小枝微具四棱线。单叶对生，叶先端渐尖。复聚伞花序腋生，花多数，两性，整齐，黄绿色；花丝极短。蒴果下垂，具三角形翅，假种皮橙红色。

不同点

　　大翅卫矛（翅卫矛、黄瓢子） *Euonymus macropterus* Rupr.
　　冬芽长达 1.5 cm。叶倒卵状长圆形或椭圆状倒卵形，基部楔形，边缘有稍呈钩状的细密锯齿。总花梗下垂；花 4 数。果略呈方形，具 4 长翅，翅长 0.5~1.0 cm。

短翅卫矛（凤城卫矛）*Euonymus planipes* (Koehne.) Koehne.

冬芽长约 1 cm。叶椭圆状菱形、椭圆形或倒卵状椭圆形，中部最宽，基部楔形或阔楔形，边缘具向内弯曲的细锯齿。总花梗直立；花 5 数，偶有 4 数杂生。果近球形，粉红色，成熟时更为艳丽，有 5（稀为 4）条明显的短翅，翅长 0.2~0.5 cm。

44. 瘤枝卫矛与卫矛

相同点

瘤枝卫矛与卫矛同为卫矛科卫矛属落叶灌木。单叶对生，叶基部楔形，边缘有细锯齿，叶柄极短。花两性，整齐；聚伞花序，腋生；花 4 数；花盘扁平肉质；子房与花盘联合，花柱短，柱头 3~5 裂。蒴果，种子外被橙红色肉质假种皮。

不同点

瘤枝卫矛（斑枝卫矛）*Euonymus pauciflorus* Maxim.

小枝黄绿色，常密被黑色疣点。叶倒卵形，先端长渐尖，两面密被短柔毛，尤其脉上更密。花 1~3 朵，稀多花；中央花无梗或近无梗；花带紫红色或红棕色，透明状；雄蕊无花丝。果倒三角形，黄红色。

卫矛（鬼箭羽）*Euonymus alatus* （Thunb. ） Sieb.

小枝绿色，常有 2~4 条扁条状木栓翅，宽可达 1 cm。叶椭圆形或倒卵状椭圆形，先端渐尖或凸尖，两面无毛。花 3~9 朵，黄绿色；雄蕊具短花丝，雌蕊 4 心皮，但只有 1~2 个发育。果长圆形，果皮带紫色。

45. 刺苞南蛇藤与南蛇藤

相同点

刺苞南蛇藤与南蛇藤同为卫矛科南蛇藤属落叶藤本。树皮灰褐色。单叶互生，叶基部宽楔形至圆形。花5数；花盘杯状；雄蕊花丝短，生于花盘边缘；雌蕊具3心皮，子房上位，花柱极短，柱头3裂。蒴果近球形，黄色，室背3裂，种子被红色肉质假种皮。

不同点

刺苞南蛇藤（刺南蛇藤）*Celastrus flagellaris* Rupr.

小枝红褐色，冬芽最外一对芽鳞宿存，并特化成坚硬钩刺。叶较小，叶广椭圆形或广卵形，长2.0~5.5 cm，宽1.5~5.0 cm，先端尖或钝圆，边缘有刚毛状细齿，叶背脉上有短柔毛；叶柄细长，通常为叶片的1/3~1/2。花单性，腋生，簇生，淡黄绿色。

南蛇藤（落霜红）*Celastrus orbiculatus* Thunb.

小枝灰褐色，无刺。叶较大，叶倒卵圆形或近圆形，长 6~10 cm，宽 3~7 cm，先端钝、短渐尖或急尖，叶缘有锯齿，两面光滑无毛；叶柄较短。花杂性，聚伞花序顶生或腋生，淡绿色。

46. 美洲省沽油与省沽油

相同点

　　美洲省沽油与省沽油同为省沽油科省沽油属落叶灌木。小枝光滑有条纹。3出复叶对生；叶缘锯齿，总叶柄长，顶生小叶叶柄长，侧生小叶叶柄极短。花两性，5数；圆锥花序顶生；胚珠多数。蒴果膀胱状，膨胀，果皮膜质。

不同点

　　美洲省沽油 *Staphylea trifolia* L.
　　小叶较大，卵形或椭圆形，先端渐尖，基部圆形或楔形，边缘有锐锯齿，幼叶叶背密生白色绒毛，后脉上有短柔毛。花白色，心皮3，基部合生，花柱3。果顶端3裂。

省沽油（水条）*Staphylea bumalda* DC.

树皮红褐色。1年生小枝绿色，无毛。小叶较小、卵形、卵圆形或卵状菱形，先端渐尖或长渐尖，基部楔形或圆形，侧生小叶稍偏斜，边缘有细锯齿，叶背脉上有短柔毛。花序疏散直立；萼片长圆形，黄白色；花白色，较萼片稍大，心皮2，基部合生，花柱2。果扁平，顶端2裂，先端近截形，中间凹下，基部楔形。

47. 色木槭与元宝槭

相同点

色木槭与元宝槭同为槭树科槭属落叶乔木。单叶对生，掌状裂，全缘，叶表无毛，叶背仅脉腋有簇毛。花杂性，雄花与两性花同株；伞房花序；萼片5，花瓣5。翅果，为2分果组成。

不同点

色木槭（地锦槭、五角枫、色树）*Acer mono* Maxim.

高达20 m。树皮暗灰色，浅纵裂。小枝灰色，被粗柔毛。叶掌状5裂，稀7裂，裂稍浅，叶裂片较宽，先端长渐尖或尾尖，叶裂片不再分为3裂，最下2裂片不向下开展，但有时可再分裂出2小裂片，基部心形；叶柄常为淡紫色。花白色。果较小，果核扁平或稍凸出，呈卵形，果翅较长，为果核的1.5~2.0倍，开展为钝角。

元宝槭（平基槭、五角枫）*Acer truncatum* Bunge

高 8~10 m。树皮灰褐色，深纵裂。小枝红褐色或黄褐色，有光泽。叶掌状 5 裂，叶裂片较狭，先端渐尖，有时中央裂片或上部 3 裂片再分裂成 3 尖裂，叶基近截形或最下 2 裂片向下开展。花黄绿色。果较大，果核压扁，长圆形，果翅与果核近等长，开展为锐角或钝角。

48. 白牛槭与拧筋槭

相同点

　　白牛槭与拧筋槭同为槭树科槭属落叶乔木。三出复叶对生；侧生小叶基部近圆形，歪斜；叶表绿色，叶背淡绿色，沿叶脉有白色疏柔毛。花杂性同株；伞房花序，花黄绿色。翅果，为2分果组成，开展成锐角或近于直角。

不同点

　　白牛槭（东北槭、白牛子）*Acer mandshuricum* Maxim.

　　树皮灰色，细纹纵裂。小枝灰褐色，光滑无毛。小叶披针形或长圆状披针形，边缘具钝锯齿，叶背微被白粉，沿中脉有白色疏柔毛，叶柄长6~11 cm。花序无毛，有花3~5朵。果褐色，果核凸起，无毛。花期5—6月。

拧筋槭（拧筋子、三花槭）*Acer triflorum* Kom.

树皮灰褐色，常成薄片状剥落。小枝紫色或淡紫色，有疏柔毛。小叶长圆状卵形或长圆状披针形，边缘在中部以上有 1~3 对粗钝齿，顶生小叶基部阔楔形或楔形，叶背沿叶脉有白色疏柔毛，叶柄长 8 cm。花序密被疏柔毛，有花 3 朵。果黄褐色，果核近球形，密被黄色柔毛。花期 4—5 月。

49. 簇毛槭、花楷槭与小楷槭

相同点

　　簇毛槭、花楷槭与小楷槭同为槭树科槭属落叶小乔木。单叶对生，叶卵圆形，基部近心形。花黄绿色。翅果，为 2 分果组成。

不同点

簇毛槭（毛脉槭）*Acer barbinerve* Maxim.

　　树皮平滑，暗灰色。小枝淡绿色或赤褐色，微被疏毛。叶 3~5 裂，中间 3 裂片先端尾尖，基部裂片锐尖，边缘具粗钝锯齿，叶背具白色长柔毛或短硬毛，后仅叶脉上密生黄毛，脉腋具簇状密毛。花单性异株；雌花序总状生于当年生小枝的顶端，花少；花梗微被柔毛；雄花成伞房花序，生于 2 年生无叶老枝上，每花序具 5~6 花，稀多数；萼片 4；花瓣 4；雄蕊 4，长于花瓣。果较大，长 3.5~4.0 cm，开展成钝角；果核近球形，脉纹显著。

花楷槭（花楷子）*Acer ukurunduense* Trautv. et Mey.

树皮粗糙，灰褐色或深褐色，常呈薄片状脱落。小枝细，红褐色或紫褐色，初有黄色短毛，后近无毛。叶常 5 裂，稀 7 裂，中裂片阔卵形，侧裂片较狭，裂片先端锐尖，边缘有粗锯齿，叶表暗绿色，有疏毛，叶背色稍淡，密被淡黄色毛，叶脉上毛更密。花杂性；总状花序，顶生，花多而密；花梗细长，有密毛；萼片 5；花瓣 5；雄蕊 8，伸出花外。果较小，长 1.5~2.0 cm，嫩时淡红色，成熟时黄褐色，开展角度小于或等于 90°；果核卵圆形，微有毛，被疏网脉纹。

小楷槭 *Acer komarovii* Pojark.

树皮灰色光滑。小枝密集，紫色或紫红色，多年生枝紫褐色或褐色，无毛。叶常 5 裂，有时 3 裂，中裂片先端尾状尖，侧裂片先端渐尖或锐尖，基部裂片先端钝尖，裂片边缘具多数小裂片或锯齿，叶表深绿色，无毛，叶背淡绿色，沿脉密生淡褐色短柔毛。花单性异株；总状花序生于小枝顶端，花少；花梗无毛；萼片 5；花瓣 5；雄蕊 8，与花瓣近等长。果较小，长 2.0~2.5 cm，黄褐色，开展成钝角；果核微扁平。

50. 栾树与全缘叶栾树

相同点

栾树与全缘叶栾树同为无患子科栾树属落叶乔木。奇数羽状复叶互生；圆锥花序顶生；花黄色，花瓣4。蒴果，膨大如膀胱状，具3棱，3瓣裂，种子圆形，黑色。

不同点

栾树 *Koelreuteria paniculata* Laxm.

小枝皮孔红褐色，密生，椭圆形，纵向排列。一回或不完全的二回羽状复叶，小叶7~15，卵形或长卵形，边缘具不整齐的锯齿或羽状分裂，叶背脉上疏生短柔毛。花序长25~40 cm，宽而疏散，有柔毛。果圆锥形，顶端渐尖。

全缘叶栾树（山膀胱、黄山栾树）*Koelreuteria bipinnata* var. *integriforlia* (Merr.) T. Chen
枝具小疣点，皮孔圆形至椭圆形。二回羽状复叶，小叶 9~17，卵形或椭圆状卵形，小叶全缘，仅萌枝上的叶有锯齿，叶背密被短柔毛。花序长 35~70 cm，分枝广展，有短柔毛。果椭圆形或近球形，顶端钝或圆，有小凸尖。

51. 鼠李与乌苏里鼠李

相同点

鼠李与乌苏里鼠李同为鼠李科鼠李属落叶灌木。有短枝。叶在长枝上对生或在短枝上簇生；叶缘有钝锯齿，齿端常有腺体。花单性异株；腋生或簇生；花4数。核果球形，熟时黑紫色。

不同点

鼠李（大叶鼠李）*Rhamnus davurica* Pall.

小枝粗壮，近对生，顶端具较大的锥状顶芽，无刺，稀在分叉处具刺。叶倒卵状椭圆形、倒卵状阔披针形、卵状椭圆形或倒卵形，侧脉4~5对，于两面微隆起。

乌苏里鼠李（老鸹眼）*Rhamnus ussuriensis* J. Vass.

小枝褐色、灰褐色或微带紫色，对生或近对生，先端成针刺状而无顶芽。叶长椭圆形或狭矩圆形，有时为椭圆状披针形，稀倒披针形，侧脉 5~6 对。

52. 锐齿鼠李与小叶鼠李

相同点

锐齿鼠李与小叶鼠李同为鼠李科鼠李属落叶灌木。小枝对生或近对生，枝端具刺。叶对生或近对生。花单性异株；花4数。核果近球形，果熟时紫黑色。

不同点

锐齿鼠李 *Rhamnus arguta* Maxim.

树皮灰紫褐色。枝赤褐色、暗褐色或微带紫色。叶卵形或卵圆形，基部圆形或浅心形，边缘具深锐锯齿，齿尖呈刺芒状，侧脉3~5对；叶柄长，1.5~3.0 cm。花常单生于叶腋或4~5朵簇生于短枝顶端，花柄长，0.8~1.2 cm，雌花柱头3~4裂。内果皮薄革质，易于种子分开。

小叶鼠李（琉璃枝）*Rhamnus parvifolia* Bunge

树皮灰色或暗灰色。小枝灰褐色或褐色。叶菱状卵形或菱状倒卵形，基部楔形，边缘具钝锯齿，侧脉 2~3 对；叶柄较短，0.5~1.0 cm。花数朵簇生于短枝端，花柄短，0.4~0.6 cm，雌花柱头 2 裂。果干硬，常不现肉质，干后易开裂。

53. 爬山虎与五叶地锦

相同点

爬山虎与五叶地锦同为葡萄科爬山虎属落叶吸附类藤本。卷须顶端具黏性吸盘。叶边缘具粗齿，叶表暗绿色，有光泽，叶背淡绿色。聚伞花序，花瓣5，黄绿色。浆果，蓝色或蓝黑色，稍带白霜。

不同点

爬山虎（地锦）*Parthenocissus tricuspidata* (Sieb. et Zucc.) Planch.

枝条粗壮，多分枝。吸盘多而发达，吸附能力强，卷须位于小枝上，短小而多分枝。单叶；叶宽卵形，常3裂（有时在幼株上或植株基部的叶较小，成掌状3小叶或3深裂）或不分裂，基部心形，叶背脉上有柔毛。花序常腋生于短枝顶端，花萼小，全缘。

五叶地锦（美国地锦）*Parthenocissus quinquefolia* （L.）Planch.

吸附能力不如爬山虎，卷须与叶对生，具 5~8 分枝。掌状复叶，具 5 小叶；小叶长圆状披针形，基部楔形，叶背平滑无毛。花序与叶对生，萼近 5 齿。

54. 糠椴与紫椴

相同点

　　糠椴与紫椴同为椴树科椴树属落叶乔木，树皮暗灰色。枝呈"之"字形弯曲。单叶互生，叶近圆形或宽卵形，基部稍偏斜，宽心形或近截形，边缘有整齐的粗锯齿，齿端有芒尖，叶柄长。花两性；常成下垂的聚伞花序；花序梗与舌形叶状苞片的下半部贴生；花辐射对称，萼片5，花瓣5。核果，密被淡黄褐色短绒毛。

不同点

　　糠椴（辽椴、大叶椴）*Tilia mandshurica* Rupr. et Maxim.

　　小枝黄绿色，密生灰白色星状毛及灰白色蜡粉。叶柄、叶背密生灰白色星状短毛。花序轴密被淡黄褐色星状短毛，花黄色，退化雄蕊呈花瓣状。果较大。

紫椴（籽椴）*Tilia amurensis* Rupr.

小枝黄褐色或红褐色，无毛，有光泽。叶偶具1~3裂片，叶背淡绿色，无毛，仅脉腋处簇生褐色毛，叶柄无毛。花序轴无毛，花黄白色，无退化雄蕊。果较小。

55. 二球悬铃木与梧桐

相同点

落叶乔木。单叶互生，叶大，阔卵形，掌状 3~5 裂。花单性。

不同点

二球悬铃木（英桐）*Platanus acerifolia* (Ait.) Willd.

二球悬铃木为悬铃木科悬铃木属落叶乔木。树皮苍白色，光滑，大片状脱落。小枝褐色或灰褐色，密被灰黄色柔毛，有环状托叶痕，柄下芽。叶中裂片广三角形，长宽近相等，各裂片边缘有少数粗大牙齿，基部截形或微心形，两面幼时被灰黄色柔毛，后渐无毛或仅叶背沿脉有毛。头状花序，果枝具球形头状果序 2（1~3）串生，宿存花柱刺状。聚花坚果球形。花期 4—5 月。

梧桐（青桐）*Firmiana simplex* (L.) W. F. Wight

梧桐为梧桐科梧桐属落叶乔木。树皮灰绿色，平滑。小枝绿色，粗壮，疏生柔毛，有白色蜡质。叶裂片全缘，基部心形，叶表近无毛，叶背有星状短柔毛。圆锥花序，顶生，被短柔毛；花黄绿色；萼5裂，为花瓣状；无花瓣；外面密被淡黄色绒毛。蓇葖果具柄，果皮膜质，成熟前沿腹缝开裂成叶状。花期6—7月。

56. 葛枣猕猴桃、狗枣猕猴桃与软枣猕猴桃

相同点

　　葛枣猕猴桃、狗枣猕猴桃与软枣猕猴桃同为猕猴桃科猕猴桃属落叶木质藤本。冬芽小，包在膨大的叶柄基部内。单叶互生，叶边缘具齿，有长柄。花白色或带红色，萼片5，花瓣5，雄蕊多数。浆果。

不同点

　　葛枣猕猴桃（木天蓼） *Actinidia polygama* (Sieb. et Zucc.) Miq.

　　小枝灰褐色；实心髓，白色。叶宽卵形至卵状椭圆形，无毛或有时叶背沿脉有疏柔毛，脉腋间有簇毛，有时叶片顶端变白色或淡黄色。花1~3朵腋生，花药黄色或带橘红色，萼片宿存。果长圆形或卵形，黄色至淡橘红色，有直或弯的喙。

狗枣猕猴桃（狗枣子） *Actinidia kolomikta* (Maxim. et Rupr.) Maxim.

小枝紫褐色；髓片状，褐色。叶卵形或卵状椭圆形，叶背沿脉疏生灰褐色短毛，脉腋密生柔毛，叶片中部以上常有黄白色或紫红色斑。花单生，花药黄色，萼片宿存。果长椭圆形或球形，暗绿色，无喙。

软枣猕猴桃（软枣子）*Actinidia arguta* (Sieb. et Zucc.) Planch. ex Miq.

小枝有灰白色疏柔毛；片状髓，白色或浅褐色。叶卵圆形、卵状椭圆形或长圆形，叶背脉腋处有淡棕色或灰白色柔毛，其余无毛。聚伞花序腋生，花 3~6 朵，花药暗紫色，萼片花后脱落。果球形或长圆形，绿黄色，顶端有钝喙。

57. 秋胡颓子与沙棘

相同点

秋胡颓子与沙棘同为胡颓子科落叶灌木。小枝常具刺。花先叶开放，整齐，无花瓣。单叶互生，全缘，先端钝尖，叶背密被鳞片。坚果，为膨大肉质化的萼管所包围，呈核果状，果近球形。

不同点

秋胡颓子（牛奶子）*Elaeagnus umbellata* Thunb.

秋胡颓子是胡颓子属植物。小枝密被黄褐色或银白色鳞片。叶椭圆形至倒卵状披针形，叶背密被银白色和少数褐色鳞片，叶柄银白色。花两性，稀杂性，2~7 朵簇生于新枝基部；花柄长 0.3~0.6 cm，花黄白色，被银白色鳞片，花萼筒长，漏斗形，4 裂。果柄长 0.4~1.0 cm，果成熟时红色，被银白色鳞片，果实多汁，内含椭圆形而具条纹的核。

沙棘（醋柳、酸刺、鼠李沙棘）*Hippophae rhamnoides* subsp.*sinensis* Rousi

沙棘是沙棘属灌木或小乔木，具枝刺，幼枝被银白色或锈色鳞片。叶互生或近对生；线形或线状披针形，近无柄。短总状花序腋生，花小，淡黄色，单性异株，无花柄，花萼筒短，2裂。果近无柄，熟时橘黄色或橘红色，有骨质的卵圆形的核。

58. 辽东楤木与长白楤木

相同点

辽东楤木与长白楤木同为五加科楤木属落叶植物。2~3回奇数羽状复叶互生，叶缘有锯齿。花杂性；伞形花序聚生为伞房状圆锥花序，具长花梗，梗上有关节；花瓣5，黄白色。浆果状核果，球形，具5棱。

不同点

辽东楤木（刺龙牙、龙牙楤木）*Aralia elata* (Miq.) Seem.

小乔木。小枝灰褐色，密生或疏生针刺。总叶柄长，基部抱茎，密生硬刺。羽片有小叶9~13；小叶卵形或椭圆状卵形，叶背沿脉生有细刺毛，密生灰色短柔毛。花柱离生或基部合生。宿存花柱离生。

长白楤木（东北土当归）*Aralia continentalis* Kitag.

半灌木。茎无刺，茎上部有淡褐色毛。总叶柄有沟，被褐色短毛，无刺。羽片有小叶 3~7；顶生小叶椭圆状倒卵形或倒卵状至卵形，两面生褐色毛，叶背毛较密，但无刺。花柱基部合生，顶端离生。宿存花柱中部以下合生，顶端离生。

59. 山茱萸与四照花

相同点

山茱萸与四照花同为山茱萸科落叶小乔木。单叶对生，全缘，先端渐尖，基部宽楔形或圆形，叶脉明显，常呈弧状弯曲，脉腋处有毛。花两性，总苞片 4，花瓣 4，黄色。

不同点

山茱萸（萸肉、药枣）*Macrocarpium officinale* (Sieb. et Zucc.) Nakai

山茱萸为山茱萸属植物。树皮灰褐色，片状剥裂。芽被柔毛。叶卵状椭圆形，稀卵状披针形，先端渐尖或尾尖，基部宽楔形或稍圆，叶表疏被平伏毛，叶背被白色平伏毛，脉腋被淡褐色簇生毛，侧脉 5~7 对。花先于叶开放，伞形花序有花 15~35 朵；总苞片小，黄绿色，鳞片状，萼裂片宽三角形，无毛，花瓣大、明显。花梗密被柔毛。核果长椭圆形，红色至紫红色。

四照花（青皮树、石楂子树、凉子、小六角、石枣）*Dendrobenthamia japonica* var. *chinensis* (Osborn) Fang

四照花为四照花属植物。树冠开展。小枝纤细，幼时淡绿色，灰白色贴生短柔毛，老时暗褐色。叶纸质或厚纸质，卵形或卵状椭圆形，先端渐尖，有尖尾，基部圆形或宽楔形，叶背疏生白色细伏毛，脉腋具黄色的细腻状毛，侧脉4~5对。花于叶后开放，头状花序球形，总苞片人，白色，花瓣状，花瓣小。聚化果球形，肉质，熟时粉红色。

60. 灯台树与红瑞木

相同点

　　灯台树与红瑞木同为山茱萸科梾木属落叶植物。单叶，叶缘全缘，先端渐尖，基部楔形或圆形。伞房状聚伞花序，顶生，花白色；花瓣4，雄蕊4，花柱圆柱形，子房下位。核果。

不同点

　　灯台树（灯台山茱萸）*Cornus controversa* Hemsl.

　　乔木。树皮暗灰色。小枝紫红色。叶互生，常簇生于枝梢，叶广卵形、卵状椭圆形或椭圆形，叶表暗绿色，叶背灰绿色，疏生短伏毛，弧形脉6~7对。果近球形，初为紫红色，成熟后变为黑紫色。

红瑞木 *Cornus alba* L.

灌木。树皮暗红色。小枝血红色，常被白粉。叶对生，叶椭圆形，稀卵圆形，叶表略具皱纹，叶背灰白色，常有平贴毛或白霜，弧形侧脉 5~6 对。果斜卵圆形，成熟时乳白色或蓝白色。

61. 迎红杜鹃与照白杜鹃

相同点

迎红杜鹃与照白杜鹃同为杜鹃花科杜鹃花属植物。灌木。枝、叶具鳞片。单叶互生，叶缘全缘，基部楔形。花萼常 5 裂，雄蕊 10。蒴果，圆柱形，被鳞片。

不同点

迎红杜鹃（映山红、蓝荆子）*Rhododendron mucronulatum* Turcz.

落叶灌木。多分枝，小枝细长，疏生鳞片。叶长椭圆形至卵状披针形，叶表散生白色鳞片，叶背有褐色鳞片，中脉隆起。花先叶开放，1~3 朵顶生，花冠宽漏斗状，淡紫红色。

照白杜鹃（照山白）*Rhododendron micranthum* Turcz.

常绿或半常绿灌木。幼枝具褐色鳞片。叶集生于枝端，革质，长椭圆形或倒披针形，叶缘稍反卷，叶表蓝绿色，有白色鳞片，叶背密被褐色鳞片，干时呈铁锈色。花于叶后开放，总状花序顶生，多花密集；花冠钟形，乳白色。

62. 花曲柳与水曲柳

相同点

　　花曲柳与水曲柳同为木犀科白蜡树属落叶乔木。小枝无毛。奇数羽状复叶对生，叶缘有锯齿。圆锥花序。翅果，翅在果实顶端伸长。

不同点

花曲柳（大叶白蜡树、大叶梣）*Fraxinus rhynchophylla* Hance

　　树皮常具灰白色斑纹，老时黑灰色，纵向沟裂。小枝褐绿色，后变灰褐色。小叶通常5（3~7），阔卵形或长卵形，顶端1片最大，基生一对最小，叶缘有不整齐的粗锯齿，叶背沿中脉被黄褐色柔毛，近基部较密；小叶柄对生处膨大，有黄褐色毛或无毛。花杂性或单性异株；花序顶生于当年生枝顶端或叶腋，与叶同放。果倒披针形，平直。

水曲柳（东北梣）*Fraxinus mandshurica* Rupr.

树皮灰褐色，浅纵裂。小枝黄绿色，略四棱形。小叶 7~11（13），卵状披针形或椭圆状披针形，叶缘具细锯齿，叶背沿脉或小叶基部密生黄褐色绒毛；叶轴有狭翅和沟槽，小叶着生处较膨大，密被锈色绒毛。花单性异株；花序侧生于去年生枝上，先叶开放。果长圆状披针形，略扁平，扭曲。

63. 东北连翘与金钟连翘

相同点

　　东北连翘与金钟连翘同为木犀科连翘属落叶灌木。小枝具片状髓。单叶对生，叶缘中上部有锯齿。花两性，腋生，先叶开放；萼4深裂，宿存，花冠钟状，4深裂，雄蕊2枚，子房2室。蒴果。

不同点

东北连翘 *Forsythia mandshurica* Uyeki

　　枝直立或斜上。小枝灰黄色，疏生皮孔。叶阔卵形或椭圆形，先端钝或短尾状渐尖。花1~6朵；花冠黄色，裂片披针形，雄蕊常短于雌蕊。果长卵形，先端喙状，皮孔不明显。

金钟连翘（金钟花）*Forsythia viridissima* Lindl.

枝斜上或铺散。小枝绿色，呈四棱形，皮孔明显。叶椭圆状长圆形至椭圆状披针形，先端锐尖。花1~3朵，花冠深黄色，裂片狭长圆形，雄蕊常长于雌蕊或短于雌蕊。果卵圆形，先端喙状，表面有灰白色瘤状凸起的皮孔。

64. 关东丁香与辽东丁香

相同点

关东丁香与辽东丁香同为木犀科丁香属落叶灌木。单叶对生，全缘。圆锥花序，花序有短柔毛，花冠高脚碟状，花冠筒远比萼长，花冠裂片 4，雄蕊 2，子房 2 室。蒴果长圆形。

不同点

关东丁香 *Syringa velutina* Kom

小枝四棱线明显，有柔毛。叶椭圆形、椭圆状卵形至卵状长圆形，先端渐尖或短渐尖，基部宽楔形或近圆形，叶背密被短柔毛或仅在中脉上有短柔毛。花序发自侧芽，花白色带淡紫色，花冠筒具兜状向外弯曲的裂片，花药紫色。果披针形，先端尖，有较多的灰白色疣状突起。

辽东丁香 *Syringa wolfii* Schneid

小枝棱线不明显，光滑。叶椭圆形、长圆形或卵状长圆形，稀倒卵状长圆形，先端突尖，基部楔形或阔楔形，叶背沿脉及边缘微有疏柔毛，中脉明显隆起。花序发自顶芽，花淡紫色，花冠筒部漏斗状，裂片直立，先端显著向内弯曲，花药黄色。果圆柱形，先端钝，光滑或有很稀疏的瘤状突起。

65. 水蜡与雪柳

相同点

　　水蜡与雪柳同为木犀科落叶植物。单叶对生，全缘，叶柄短。花两性；圆锥花序，萼4裂；花冠4裂，花小，白色，雄蕊2。

不同点

水蜡 *Ligustrum obtusifolium* Sieb. et Zucc.

　　水蜡为女贞属植物。灌木。树皮暗灰色，小枝圆柱形，密被柔毛。叶椭圆形至长圆状倒卵形，长3~5 cm，宽1.5~2.5（4）cm，先端尖或钝圆，基部楔形，叶表有短柔毛或无毛，叶背有短柔毛，沿中脉更密；叶柄被毛。花序顶生；花序轴有短柔毛；花冠筒长于花冠裂片。浆果状核果，宽椭圆形，黑色，稍被蜡状白粉。

雪柳（雪杨）*Fontanesia fortune* Carr.

雪柳为雪柳属植物。灌木或小乔木。树皮灰色，细纵裂。小枝四棱形，无毛，具浅黄色扁平的皮孔。叶披针形或卵状披针形，长3~12 cm，先端渐尖，基部楔形，两面无毛，叶柄无毛。花序腋生或在侧枝上顶生，花序轴无毛，花冠筒短于花冠裂片，花白色带微绿。翅果倒卵形，扁平，熟时黄褐色。

66. 黄金树与梓树

相同点

黄金树与梓树同为紫葳科梓树属落叶乔木。单叶对生或 3 叶轮生，叶全缘或浅裂，先端渐尖，叶背脉腋间常有腺斑。圆锥花序顶生；花萼二唇形，花冠内面有 2 条黄色条纹及紫色斑点。蒴果长线形，近圆柱状，2 瓣裂。种子长圆形，多数，扁平，两端有长毛。

不同点

黄金树 *Catalpa speciosa* (Ward. ex Barn.) Engelm.

小枝绿色，无毛。叶宽卵形或卵状长圆形，叶缘有时 1~2 对齿裂，基部心形或截形，叶背密生短绒毛，脉腋有黄绿色腺斑，掌状脉 3 出。花冠白色。果较粗，长 20~45 cm，径 1~2 cm。种子长圆形，长 2.5 cm。

梓树（臭梧桐）*Catalpa ovate* G.Don

小枝绿色，被柔毛及腺毛。叶宽卵形或近圆形，叶缘有时 3~5 浅裂，基部微心形或圆形，叶背脉上有疏毛，脉腋间有紫黑色腺斑，掌状 5 出脉。花冠黄白色。果较细，长 20~30 cm，果径 0.5~0.6 cm。种子长约 0.8 cm。

67. 锦带花与早锦带花

相同点

　　锦带花与早锦带花同为忍冬科锦带花属落叶灌木。单叶对生，叶椭圆形或卵状椭圆形，叶缘有锯齿。聚伞花序，顶生或腋生，萼裂片披针形，裂达中部，外被毛，花冠漏斗状钟形，5 裂；雄蕊 5，短于花冠。蒴果长圆形，2 瓣裂。

不同点

　　锦带花 *Weigela florida* (Bunge) A. DC.

　　幼枝 2 条棱线明显，有短柔毛。叶通常椭圆形，基部圆形或楔形，叶背有疏毛，主脉上密被白色毡毛。花序有花 1~4 朵；花鲜粉红色，里面苍白色，疏生微毛。

早锦带花（毛叶锦带花）*Weigela praecox* (Lemolne) Bailey

幼枝棱线不明显或仅有2裂短柔毛。叶通常倒卵形，基部楔形，叶背常被疏睫毛状的茸毛，中脉上被茸毛。花序有花3~5朵，花下垂，花深粉红色，喉部黄色，外面有短柔毛，内面无毛。开花较早。

68. 海仙花与红王子锦带

相同点

海仙花与红王子锦带同为忍冬科锦带花属落叶灌木。单叶对生，叶缘有锯齿。聚伞花序，顶生或腋生，花萼裂片线形，裂达基部，光滑无毛，雄蕊5，短于花冠。蒴果长圆形，2瓣裂。

不同点

海仙花（朝鲜锦带花）*Weigela coraeensis* Thunb.

小枝粗，棱线不明显，无毛或疏被柔毛。叶宽椭圆形或倒卵形，先端骤尖稀尾尖，基部宽楔形，具细钝锯齿，叶表中脉疏被平伏毛，叶背中脉及侧脉稍被平伏毛。花1~3朵着生于短侧枝上；花冠漏斗状钟形，花冠基部1/3以下突狭，花淡红色或带黄白色，后变深红色或淡紫色。花期5—6月。

红王子锦带 *Weigela* × 'Red prince'

小枝 2 条棱线明显，密生短柔毛。叶椭圆形，先端长渐尖，基部楔形，叶表不平整，两面均有毛。花数朵腋生或顶生，花冠漏斗形，鲜红色，筒部较细长。花期长，5—10 月，常有 2 次开花（5 月和 7—8 月），花极其繁茂。

69. 秦岭忍冬与波叶忍冬

相同点

　　秦岭忍冬与波叶忍冬同为忍冬科忍冬属落叶灌木。冬芽长卵形，具2枚舟形芽鳞。小枝有刚毛，实心髓，白色。单叶对生，叶缘全缘，有睫毛，枝有时有叶柄间盘状托叶。花成对腋生，后叶开放；花冠二唇形，上唇4裂，小苞片合生成坛状壳斗。浆果，包在撕裂的壳斗中，成熟后壳斗破裂，露出红色果。

不同点

秦岭忍冬（葱皮忍冬） *Lonicera ferdinandii* Franch.

　　树皮条状剥落。小枝有刺刚毛。叶小，卵形至长圆状披针形，长3~5 cm，宽2~3 cm，基部最宽，先端渐尖稀钝尖，基部截形，稀圆形或近心形，叶表疏生粗硬毛或无毛，叶背生粗毛，沿脉尤多；叶柄长0.2~0.5 cm，密生刺毛。花冠淡黄色，花冠筒基部一侧肿大，苞片披针形至卵形，坛状壳斗包围全部子房，内外均有柔毛；总花梗短，0.5~1.0（2.0）cm，花筒基部一侧微隆起。

波叶忍冬*Lonicera vesicaria* Kom.

树皮暗灰褐色，有条裂。小枝散生刚毛，后无毛。叶大，卵形或椭圆状卵形，长 5~10 cm，宽 3~5 cm，中下部最宽，先端尖，基部圆形、心形或阔楔形，叶缘波状或有裂，叶背沿脉有短柔毛；叶柄长 0.3~1.0 cm。花冠黄色，坛状壳斗包围 2~3 个子房，外面有腺及粗毛，内面被密毛，总花梗极短，0.2~0.4 cm。

70. 长白忍冬与金银忍冬

相同点

长白忍冬与金银忍冬同为忍冬科忍冬属落叶灌木。树皮灰色，剥裂。空心髓，褐色。单叶对生，叶缘全缘，先端渐尖。花成对腋生，后叶开放；花冠先白色，后变黄色，二唇形，唇瓣长于花冠筒的 2~3 倍；雄蕊与花柱均短于花冠。浆果球形。

不同点

长白忍冬*Lonicera ruprechtiana* Regel

叶质厚，长圆形、卵状长圆形或卵状披针形，外卷，叶表有皱纹，叶背色淡，密生短柔毛。花梗长 1.2~3.0 cm，较叶柄长；相邻两花萼筒仅基部连合，萼檐部有明显圆齿；花筒粗而膨大，无毛。果红色或橘红色，相邻两果合生至中上部。

金银忍冬（金银木）*Lonicera maackii* (Rupr.) Maxim.

叶卵状椭圆形至卵状披针形，叶两面疏被柔毛，叶脉及叶柄均被腺质柔毛。花梗长0.2~0.3 cm，较叶柄短，具腺毛；相邻两花萼筒分离，萼檐钟状；花冠外面下部疏生柔毛。果红色，相邻两果离生。

71. 黑果荚蒾与皱叶荚蒾

相同点

　　黑果荚蒾与皱叶荚蒾同为忍冬科荚蒾属植物。裸芽。单叶对生，基部圆或微心形。伞形多歧聚伞花序，花两性；花冠幅状，白色。浆果状核果，由红色变黑色。

不同点

　　黑果荚蒾（欧洲荚蒾）*Viburnum lantana* L.
　　落叶灌木。小枝幼时有糠状毛。叶较小，叶卵形至椭圆形，长 5~12 cm，先端尖或钝，基部圆形或心形，叶缘有小齿，羽状脉，侧脉直达齿尖，两面有星状毛。花序径 6~10 cm，花瓣裂片长于筒部。果卵状椭球形。

皱叶荚蒾（枇杷叶荚蒾、山枇杷）*Viburnum rhytidophyllum* Hemsl.

常绿灌木。幼枝、芽、叶背、叶柄及花序均被星状绒毛。叶厚革质，叶较大，卵状长圆形或长圆状披针形，长 8~20 cm，先端钝尖，基部圆或微心形，全缘或具小齿，叶表叶脉凹下，有皱纹，侧脉不达齿端。花序径达 20 cm，萼筒被黄白色星状绒毛；花瓣裂片与筒近等长。果宽椭圆形。

72. 鸡树条荚蒾与欧洲荚蒾

相同点

　　鸡树条荚蒾与欧洲荚蒾同为忍冬科荚蒾属落叶灌木。单叶对生，常3裂，叶缘有不规则粗齿，叶柄粗壮，上部有腺点，有托叶。复伞形聚伞花序顶生，有白色大型不育边花，能育花在中央，花冠辐射对称，5裂。浆果状核果，红色，近球形，内含1粒种子。

不同点

　　鸡树条荚蒾（天目琼花）*Viburnum sargentii* Koehne
　　老枝和茎暗灰色，具浅条裂。小枝褐色至赤褐色，有明显的条棱，光滑无毛。叶卵圆形或宽卵形，常3裂，掌状3出脉，两面无毛；叶柄上盘状腺点2~4个。花药紫色。

欧洲荚蒾（欧洲琼花、欧洲绣球）*Viburnum opulus* L.

树皮薄，枝浅灰色，光滑。叶近圆形或广卵形，长 5~12 cm，3 裂，有时 5 裂，叶背有毛，掌状 3~5 出脉；叶柄有窄槽，近端处散生 2~3 个盘状大腺点。花药黄色。

附录1 中文名称索引

附录 2　拉丁学名索引

参考文献

[1] 中国树木志编辑委员会 . 中国树木志 [M]. 北京：中国林业出版社，2005.

[2] 中国科学院中国植物志编辑委员会 . 中国植物志 [M]. 北京：科学出版社 .2004.

[3] 李书心 . 辽宁植物志 [M]. 沈阳：辽宁科学技术出版社，1992.

[4] 李延生 . 辽宁树木志 [M]. 北京：中国林业出版社，1991.

[5] 张天麟 . 园林树木 1600 种 [M]. 北京：中国建筑工业出版社，2010.